희망의 나라

환경,
건강,
미래 세대를
생각하는 기업
미랜코리아

희망의 나라

초판 1쇄 인쇄 2020년 2월 24일
초판 1쇄 발행 2020년 2월 24일

지은이 이재원
펴낸이 김민경
디자인 김영진

펴낸곳 카이로스
출판등록 제2017-000234호

전화 02-558-8060
주소 서울 서초구 서초중앙로 56 8층 824호
e-mail cyworld23456@naver.com

ISBN 979-11-6446-020-5 (03590)

- 이 도서의 국립중앙도서관 출판예정도서목록(CIP)은 서지정보유통지원시스템 홈페이지(http://seoji.nl.go.kr)와 국가자료 공동목록시스템(http://www.nl.go.kr/kolisnet)에서 이용하실 수 있습니다.
- 카이로스 출판사는 가나북스의 임프린팅 브랜딩 입니다.

희망의 나라

환경, 건강, 미래 세대를 생각하는 기업

미랜코리아

이재원 지음

목차

두 번 째 장 *chapter 2*

유혹의 이단들, 광야를 지나다

세 번 째 장 *chapter 3*

환경, 건강, 미래 세대를 생각하는 기업

네 번 째 장 *chapter 4*

너는 나만 바라봐야 한다

다 섯 번 째 장 *chapter 5*

누군가에게 희망이 되고 싶다

프롤로그

삶이 회복되게 하는, 복의 통로가 되리라

세상에서 가장 큰 축복은 '만남의 축복'이다

나는 10여 년간 영업사원으로 일하며 많은 사람들을 만났다. 소중한 만남들 속에서 가슴 아팠던 일도 많았다. 가장 마음이 힘들었던 것은 돈이 없어 한 끼 식사도 먹지 못하는 사람을 보는 일이다.

경주 최 부잣집 가훈에는 '사방 100리 안에 굶어 죽는 사람이 없게 하라'라는 말이 있다. 그런데 내가 본 힘든 사람들은 제대로 먹지 못한 채 일을 해야 했다. 요즘 시대에 그런 일이 어디 있느냐고 생각할 수 있겠지만 돈이 없는 사람에겐 아주 흔한 일이었다. 그래서 내가 ㈜미랜코리아를 설립한 후에 가장 먼저 시작한 일이 바로 따뜻하고 제대로 된 식사를 제공하는 장소를 마련하는 것이었다.

나는 먼저 구내식당을 마련하고 영업사원은 물론 우리 회사를 방문하는 사람이라면 누구나 천 원이면 식사 할 수 있도록 했다. 그마저도 사정이 어려운 분들은 무상으로 마음껏 식사를 할 수 있도록 했다. 회사입장에서 부담은 사실이지만, 우리 회사가 존재하는 한, 절대 포기할 수 없는 매우 중요한 일 중 하나이다. 그 이유는 '식사'라는 말을 좋아하기 때문이다. 식사 한 끼 나누는 게 별일인가 싶은 사람도 있겠으나, 그 한 끼로 나눔의 첫 단추를 끼우고 은혜의 가족을 늘리며 축복을 나누는 일이라 생각한다. 나 역시 영업현장을 누빌 때, 끼니를 대충을 때웠다. 차츰 상황이 나아지면서 끼니 걱정을 하지 않게 되었다. 하지만 말로 표현할 수 없는 공허함 있었다. 이 공허함을 해갈하고자 무당의 굿에 의지하게 되었다. 그런데 굿을 할수록 더 큰 공허함이 밀려왔다.

어느 날 하나님께서 집사님을 보내 기도로 나를 인도하셨다. 이 후 공허함은 눈 녹듯 사라지고 나의 사명을 깨닫게 되었다. 사명 중 하나가 '식사'이고, 다른 사명이 우리 (주)미랜코리아를 세계적 기업으로 키워 복음전파의 중심이 되는 것이다. 우리 ㈜미랜코리아는 환경과 건강 그리고 미래세대를 선두해가는 기업으로서 모든 사람들에게 나눔을 실천하는 기업이 되고자 노력하고 천원식사 역시 그 노력의 연장이다. 창립 이후 정말 숨 가쁘게 달려왔다. 여러 상품을 출시했고 본사 교육장을 100평으로 확장했으며 또 본사 사무실과 식당을 이전, 전국 접수처 120곳과 흑삼 전문 매장을 오픈하는 등 회사가 빠른 속도로 성장해가고 있다.

나 또한 놀라지 않을 수 없다. 세상 사람들은 기적이라 말하지만 나는 확실히 안다. 이 모든 일이 기도의 능력이라는 것을…. 우리 회사를 처음 방문 한 사람들이 하나같이 놀라는 일이 있다. 바로 회사 안에 기도실이 있다는 것이다. 그 곳에서 우리는 업무를 시작하기 전, 다 함께 모여 기도하고 퇴근하기 전에 한 번 더 기도한다. 그 외의 시간에는 자유롭게 기도할 수 있도록 기도실 문을 항상 열어두고 있다.

㈜미랜코리아는 하나님의 약속된 기업이다. 반드시 대기업으로 키우신다는 하나님의 약속을 발판삼아 앞으로 많은 이들의 삶에 꿈과 희망이 될 것이다. 나는 이 기업이 지치고 무너진 사람들의 삶이 회복되게 하는, 복(福)의 통로가 되리라 믿어 의심치 않는다. 나 또한 하나님의 말씀에 순종하여 오늘 하루도 기도로 시작한다.

저자 이재원

첫번째장 *chapter 1*

무당집과 9,500만 원의 빚

어둠의 시간들

아들이나 딸을 불 가운데로 지나게 하는 자나 복술자나 길흉을 말하는 자나 요술하는 자나 무당이나 진언자나 신접자나 박수나 초혼자를 너의 중에 용납하지 말라 무릇 이런 일을 행하는 자는 여호와께서 가증히 여기시나니 이런 가증한 일로 인하여 네 하나님 여호와께서 그들을 네 앞에서 쫓아내시느니라 (렘 29:8~9)

수많은 무당집에서 굿까지 하던 시절

내 고향은 시골이다. 그다지 풍족하지 않은 가정에서 태어나 우리 남매들은 줄곧 가난한 어린 시절을 보냈다. 가난한 것도 문제지만, 정말 힘들었던 이유는 아버지 때문이었다. 아버지는 술을 무척 좋아하셨다. 술독에 빠질 정도로 술에 취할 때가 많았고 술을 마신 것까진 괜찮았지만 문제는 술에 취한 날이면 어김없이 어머니랑 싸움을 했다.

아버지는 어머니에게 술주정을 했고 그것이 싫었

던 어머니는 큰소리를 내며 싸울 수밖에 없었다. 어머니는 가난한 살림살이도 힘겨웠을 텐데 맨날 술 마시고 주정하는 남편 때문에 고통스러웠을 것이다. 가정은 늘 평화롭고 쉴 수 있는 곳이어야 하는데 우리 집은 그렇지 못했다. 특히 장남으로서 항상 책임감을 가지고 있었던 나는 어깨가 무거웠다. 또 그런 부모님의 모습을 보는 것이 힘들었지만, 정말 힘든 건 나눌 곳 없는 외로움이었다. 정서적으로 안정적이지 못했던 탓에 나는 공허한 마음에 늘 시달렸다. 어른이 되고 결혼을 해도 마찬가지였다.

그래서일까. 마음 저변에는 늘 신을 찾아 안식하고 싶은 마음이 간절했다. 최선을 다해서 열심히 살았지만 세상은 내 마음먹은 대로 되지 않았다. 사람들이 뭔가 보이지 않는 손에 이끌려 살아가는 것처럼 보였다.

여기에다 영업을 시작하고 그 당시 지사장이었던 나는 이따금 불안한 마음이 생기곤 했다. 어떻게 해야 더 많은 실적을 낼 수 있을까. 어떤 방법으로 영업을 해야 할까. 누구를 만나서 이 문제를 풀어야 할까 등을 두고 생각이 복잡했다. 그러던 어느 날 함께 사업을 하던 형님이 나에게 은근한 목소리로 물었다.

"지사장님, 저랑 신림동에 한 번 가보실래요?"

"네? 신림동이요?"

"아, 거기 한 번도 안 가봤나 보네요."

"거기에 무슨 해결책이라도 있나요?"

형님은 나를 데리고 당장 서울 신림동 무당집으로 갔다. 처음 그곳에 갔을 때 나는 몹시 무서웠다. 태어나서 간 적이 없었기 때문에 두렵고 무서운 마음이 들었다. 어린 시절, 지나가면서 보았던 무당집은 왠지 거부감이 있었고 그 느낌이 싫어 아무리 바빠도 멀리 돌아간 기억이 있다. 나는 신림동 골목에 있는 한 무당집에 가자마자 복잡한 심경에 막걸리를 연거푸 다섯 잔을 마시고서야 일어날 수 있었다.

첫날, 나는 그 곳에서 150만 원을 내고 굿을 했다. 그야말로 내가 무당집에 처음 입문한 순간이다. 이후 직장 선배로 만난 분은 더욱 무당집, 점집에 광신적으로 열광하는 사람이었다. 그 후로도 나와 직장 선배는 지사에 일이 생길 때마다 무당과 점집을 찾아 다녔다. 어느 때는 하루에 다섯 곳에서 일곱 곳까지 점집, 무당집을 들락날락했다. 점집과 무당집을 찾아 이곳에 가서 물어보고 저곳에 가서 물어보며 골목을 정신없이 헤매였다. 나중에는 인천에 있는 이름난 무당들은 모두 찾아갔다. 그야말로 신림동에서 인천까지 용하다고 이름난 무당과 점집을 휩쓸고 다녔다.

나는 겁이 정말 많은 사람이다. 그런데 어떻게 그렇게 많은 무당집과 점집을 찾아다녔는지 지금 생각해보면 도무지 알 길이 없다. 무당들과 점치는 사람들도 굿을 하거나 점을 치기 전에 목욕재계를 한다. 그들이 '신을 모시기' 위해 자신을 깨끗하게 하려고 매우 간절한 마음으로 노력하는 것을 보았다. 접신을 하려면 그만큼 깨끗해야 한다는 것이다.

우리나라에는 무당이 60만 명이다. 그 무당들도 점을 치고 굿을 해서 밥을 먹고 산다. 하지만 끝까지 점괘가 잘 맞는 무당은 거의 없었다. 나는 선배와 함께 무당집에 갈 때마다 거의 150만 원에서 심지어

3,000만 원 짜리 굿도 했다. 내가 다니던 직장 선배와 함께 다니던 무당집이 무려 60곳이 넘었다.

그들은 귀신을 불러들여 점괘를 냈다. 그런데 어느 때는 점이 맞았고 어느 때는 점괘가 안 맞았다. 참 이상했다. 엊그제까지만 해도 점괘가 잘 맞았는데 왜 갑자기 잘 맞지 않고 자꾸 틀릴까. 자꾸 틀리니 점집이나 무당은 돈을 더 내야 정확한 점괘가 나온다고 나를 유혹했다.

하여튼 나는 모든 중요한 일은 무당과 상담하면서 5년 여만에 수석본부장까지 성장했다. 그러던 어느 날 나의 의지와 상관없이 회사 마케팅 정책이 수시로 바뀌었고, 수입이 줄면서 결국 나는 빚더미에 올라 앉게 되었다. 결국, 사표를 낼 수밖에 없다. 그때 나에게 남은 것은 아무것도 없었다. 다시 공허한 외로움이 밀려왔다.

투잡, 쓰리잡과 영업사원의 길

영업 일을 하기 전, 나는 법원을 드나들며 경매 관련 일을 했는데 경매 일이 꾸준하지 않았다. 당연히 수입 또한 일정하지 않았고 아내에게 생활비를 많이 가져다주지 못했다. 당시 아들은 중학교 3학년, 딸은 중학교 1학년이었기에 교육비 지출도 상당히 많았다. 어느 날, 일을 마치고 집에 들어가니 아내와 딸이 말다툼을 하고 있었다.

"엄마, 아빠가 무능력하니까 학원까지 끊어야 하잖

아. 아, 짜증나! 나 학원 다니고 싶단 말이야. 오빠만 학원 보내고!"

"미안해. 조금만 기다려봐. 아빠가 열심히 일하고 계시니, 곧 보내줄게…."

나는 현관 앞에 서서 그 말을 듣고 마음이 너무 아팠다. 그래서 아르바이트라도 하기 위해 여러 가지 일을 찾아보았다. 하지만 마땅한 일을 찾지 못해 대리운전과 공사장 일이 전부였다. 당시 아침에 양복을 입고 출근했지만, 가방속에는 서류가 아닌 작업복이 있었다. 법원에서 경매 업무를 다 본 후에 작업복으로 갈아입고 일하러 간 것이다. 공사장에서 사람을 뽑지 않는 날에는 대리운전을 했다. 대리운전은 너도 나도 하는 일이라 일거리가 그리 많지 않았다.

그래서 법원에서 경매 관련 일도 하고, 이리저리 뛰어다니며 공사장에서 일했고, 그마저도 없는 날이면 대리운전으로 수입을 늘려야 했다. 공사장 일은 너무 힘들었다. 여름에는 숨이 막히는 더위 때문에 땀을 목욕하듯이 줄줄 흘렸고, 겨울에는 살을 에는 듯한 바람 때문에 너무 추워 덜덜 떨어야 했다. 하지만 쉬고 싶다가도 딸과 아내의 대화가 떠올라 가리지 않고 닥치는 대로 일을 했다.

그러던 중 2012년, 나는 경매 사무실에서 일하게 되었다. 어느 날 아주머니가 준 전단지 한장을 우연히 보게 된다. 그것을 통해 미랜바이오라는 회사를 알게 되었는데 음식물처리기를 판매하는 회사였다. 전단지에 적혀있는 회사 전화번호를 보고 전화를 했더니 당장 영업사원으로 입사할 수 있다고 했다. 그렇게 내 첫 샐러리맨 생활이 시작되었다.

처음이라 어색했고 부끄러워 낯이 있는 지인부터 찾아다니며 영업을 했다. 친구들에게 전화를 해서 새로 영업을 시작했다고 하며 음식물처리기를 사라고 권했지만 그들은 술은 사줘도 음식물처리기는 사주지 않았다. 처음이니 힘든 건 당연하다는 마음으로 그렇게 하루를 한달을 버티니 시간은 지나갔다.

어느날 한 잡지에서 화진 화장품 부회장을 했던 (주)파코메리 박형미 대표의 일화를 보게 되었다. 그녀는 스물아홉 살 새댁일 때 옆집 아줌마에게 빌린 토큰 세 개를 들고 화장품 회사에 면접을 보러 갔다. 난생 처음 세일즈에 뛰어들었고 쥐벼룩이 들끓는 쪽방 사무실에서 3명의 판매사원과 함께 신규브랜드로 시장을 개척했다. 자기 수당을 직원들에게 줘가며 신바람을 일으키고 사원수를 3천 명까지 끌어올린 세일즈계의 영웅이었다. 의욕적인 설비투자 과정에서 IMF 직격탄을 맞았지만 회사를 다시 키워 부도 1년 만에 판매사원 3만5천 명의 거대 회사로 되살렸다. 나를 사로잡은 건, 화장품을 많이 파는 것에 목표를 두지 않고 사람을 모으는 일에 집중했다는 점이다.

나는 이 기사를 보고 마음을 다잡았다. 그래서 나도 이제부터는 음식물처리기를 파는 것도 중요하지만 **사람을 바라보고 무엇보다 사람의 마음을 사로잡아야겠다고 다짐했다. 돈보다는 사람을 먼저 생각하고 사람의 마음을 경영하자는 원칙을 세웠다. 그러자 어느 순간부터 사람들이 나에게 다가오기 시작했다.** 그러던 어느 날 한 사람이 우리 지사에 들어왔는데 그는 열정적인 사람이었다. 나는 그와 함께 다른 영업사원들의 업무 능력을 높여주는 동시에 어려움점을 들어주며 동료로서 함께 성장했다. 급한 돈보다 사람의 소중함을 알고 그들과 함께 일하다 보니 막노동 일당으로 버텼던 초보 영업사원이 지사장으로 어느덧 본부장까지 오를 수 있었다.

나는 지금도 사람 키우는 일을 무엇보다 중요하게 생각한다. 믿음으로 하나님과 함께 하고 회사와 끝까지 함께 가는 사람이 많아야 회사가 반석 위에 우뚝 설 수 있기 때문이다.

아들이나 딸을 불 가운데로 지나게 하는 자나 복술자나 길흉을 말하는 자나 요술하는 자나 무당이나 진언자나 신접자나 박수나 초혼자를 너의 중에 용납하지 말라 무릇 이런 일을 행하는 자는 여호와께서 가증히 여기시나니 이런 가증한 일로 인하여 네 하나님 여호와께서 그들을 네 앞에서 쫓아내시느니라 (렘 29:8~9)

"대표이사가 될 것"
이라는 응답

구약성경 창세기 37장 2~11절에는 이런 구절이 나온다.

요셉이 십칠 세의 소년으로서 그의 형들과 함께 양을 칠 때에 그의 아버지의 아내들 빌하와 실바와 아들들과 더불어 함께 있었더라. 그가 그들의 잘못을 아버지에게 말하더라. 요셉은 노년에 얻은 아들이므로 이스라엘이 여러 아들들보다 그를 더 사랑하므로 그를 위하여 채색 옷을 지었더니 그의 형들이 아버지가 형들보다 그를 더 사랑함을 보고 그를 미워하여 그에게 편안하게 말할 수 없었더라. 요셉이 꿈을 꾸고 자기 형들에게 말하매 그들이 그를 더욱 미워하였더라.

요셉이 그들에게 이르되 청하건대 내가 꾼 꿈을 들으시오. 우리가 밭에서 곡식 단을 묶더니 내 단은 일어서고 당신들의 단은 내 단을 둘러서서 절하더이다. 그의 형들이 그에게 이르되 네가 참으로 우리의 왕이 되겠느냐 참으로 우리를 다스리게 되었느냐 하고 그의 꿈과 그의 말로 말미암아 그를 더욱 미워하더니 요셉이 다시 꿈을 꾸고 그의 형들에게 말하여 이르되 내가 또 꿈을 꾼즉 해와 달과 열한 별이 내게 절 하더이다 하니라. 그가 그의 꿈을 아버지와 형들에게 말하매 아버지가 그를 꾸짖고 그에게 이르되 네가 꾼 꿈이 무엇이냐 나와 네 어머니와 네 형들이 참으로 가서 땅에 엎드려 네게 절하겠느냐 그의 형들은 시기하되 그의 아버지는 그 말을 간직해 두었더라.

요셉은 꿈의 사람이다. 형들은 그를 보고 '꿈꾸는 자가 오는도다.'라고 했다. 하나님께서는 그의 꿈을 이루어주셨다.

지금으로부터 5년 전의 일이다. 나는 영업소 두 곳

을 운영하고 있었다. 본부장을 하며 센터를 운영한 것이다. 그때 교회에 다니는 집사님 한 분이 우리 센터에 영업사원으로 취직했다. 그분은 참 성실했다. 날마다 출근하는 것을 쉬지 않았다. 그리고 무엇보다 기도를 열심히 했다. 나는 교회 다니는 사람들에 대해 부정적인 생각이 가득한 상태였다. 예수쟁이들은 다 그렇고 그런 이기주의자들이라는 생각이 많았다.

그래서 당연하게도 집사님의 신앙생활에 거의 관심이 없었다. 어느 날 집사님은 우리 센터를 위해, 나를 위해 작정기도를 하고 있는 중이라고 말하는 것이 아닌가. 당시에 무당집과 점집을 열심히 찾아다니던 나는 작정기도가 뭔지도 몰랐다. 그냥 막연하게 '교회에 다니니까 하나님께 기도하는 것인가 보다.'라고 생각을 했다. 무엇보다도 예수쟁이들에 대한 부정적인 감정이 많이 남아 있었기 때문에 그냥 그런가 보다 생각하고 크게 의미를 두지 않았다.

그런데 어느 날 집사님은 활짝 웃으면서 나에게 이런 말을 했다.

"본부장님! 제가 꿈을 꿨는데요…."

나는 꿈이라는 말에 일단 궁금증이 생겨 집사님 얼굴을 얼른 바라보았다.

"꿈이요?"

"네! 성경 창세기에 요셉이라는 사람에 대한 얘기가 나오는데 신기하게도 그와 비슷한 꿈을 꾸었어요."

"무슨 내용인데요. 한번 말씀해보세요."

나는 더욱 궁금증이 생겨 침을 꼴깍 삼켰다.

"그 요셉의 형제들이 요셉에게 절하는 것처럼 11명의 사람들이 본부장님에게 허리를 굽히고 인사를 하는 꿈이었어요."

"아, 사람들이 나한테 인사를 했다구요?"

"네에, 그렇다니까요."

그런 후 집사님은 또 작정기도를 날마다 계속 한다고 했다. 그러더니 또 꿈을 꾸었다고 하며 매우 기쁜 얼굴로 나에게 다가와서 말했다.

"본부장님! 하나님께서 기도 응답으로 또 꿈을 보여주셨어요. 분수대에서 물이 솟아나는 것처럼 물이 막 올라오는 꿈인데요. 바로 내 앞에서 물이 솟아올라오는 거예요. 그러더니 저쪽에서 또 올라왔어요. 조금 후에는 여기저기에서 한꺼번에 막 터져 나오는 거예요. 그래서 제가 꿈을 꾸고 나서 아, 이 분이 앞으로 크게 사업하시는 분, 대표님이 되려나 보다고 생각했어요."

"예에?"

나는 놀란 얼굴로 집사님을 바라보았다. 무당과 점쟁이들을 찾아다니며 굿을 하고 거기에서 나오는 점괘만 믿고 모든 것을 그대로 행동했던 나였다. 그래서인지 교회에 다니는 집사라는 사람이 그런 말을 하는 것을 보고 조금 이상한 사람이라고 생각했다.

'뭐야? 이상한 사람이네.'

나는 집사님의 말을 깊이 생각하지 않고 그냥 지나치고 말았다. 하지만 집사님은 나를 위해서 쉬지 않고 계속 기도하셨다고 한다. 나중에 돌아보니 하나님께서는 집사님의 기도를 통해 미리 모든 것을 예비해 주시고 그 꿈을 신실하게 이루어주심으로 하나님의 영광을 나타내신 것이었다. 무당집 단골이었던 나를 신실한 예수쟁이로 만드셨으니 말이다.

하필, 예수쟁이들만 들어왔다

교회 다닌다고 다 같은 예수쟁이가 아니다. 주를 위해 나를 희생할 수 없는 사람은 예수쟁이가 아니다. 비진리와 타협하며 상생하지 않으며 손해 본다고 비겁하지 않으며 남의 것을 욕심내어 탐하지 않는다. 나를 주고 또 주며 내 안에 예수를 가득 채워 세상을 향해 사랑을 뿜어대는 자가 예수쟁이다.

'천국이 있는 풍경(고재봉)'이라는 글의 일부분이

다. 기독교인이 아닌 사람이 기독교인을 조롱하거나 비하할 때 가끔 예수쟁이라고 부르곤 한다. 하지만, 기독교인들 중에는 자신이 예수님을 믿는다는 말을 '나는 예수쟁이다.'라고 아주 자랑스럽게 표현할 때도 있다. 그래서 예수님의 이름을 모독하는 사람은 예수님과는 전혀 상관없어야 한다며 예수쟁이 대신 교회쟁이라는 말이 생겼다고 한다.

내가 본부장을 할 때의 일이다. 우리 지사에 영업 사원들이 많이 입사를 했다. 그런데 이상하게도 교회에 다니는 사람들이 많이 오는 것이었다. 당시에도 교회에 다니는 사람을 예수쟁이들이라고 생각했다. 그리고 그들은 무조건 이기적이고 독선적이며 배타적인 사람이라고 생각했기 때문에 조금 걱정이 되었다. 왜냐하면 영업은 이기적이거나 독선적인 사람이 하기에 적합하지 않은 직업이기도 했기 때문이다.

'이상하네? 왜 하필 예수쟁이들만 오지?'

나는 예수쟁이들만 들어와서 뭔가 이상하다고 느꼈고 혹시 이러다가 재수가 없는 일이 생기는 것은 아닐까 고민되었다. 그래서 또 어느 날 날을 잡아 직장선배와 함께 단골 무당집을 찾아갔다. 나는 무당을 보며 걱정스러운 얼굴로 말했다.

"참, 이상스럽게도 센터에 직원들이 예수쟁이만 들어오네. 이러다가 재수 없어지면 안 되는데, 오지 마라고 굿을 해야 되나?"

무당이 굿을 마다할 리가 없다. 나는 그렇게 예수쟁이들이 우리 센터에 직원으로 오지 않도록 굿을 했다. 그런데 신입사원 중에 교회 다니는 한 집사님이 있었다. 나중에 나를 위해서 하나님께 작정기도를 하게 되는 분이었다. 당시 그 사실을 전혀 모르고 있었다. 집사님은 서울 정릉에서 출근을 했는데 정릉에서 부천까지는 왕복 4시간 거리이다. 그런데 이 분이 3년 넘는 동안 하루도 빠짐없이 출근하는 것이 아닌가. 다른 사람 같았으면 3개월 다니는 것도 힘들어 했을 텐데, 나는 어느 순간, 그 집사님을 보며 마음속으로 측은지심이 생겼다.

반면 선배는 시간이 갈수록 무언가 빠져있는 듯 보였다. 직장선배와 나는 항상 함께 신림동과 인천 등

지에 있는 무당집이나 점쟁이를 찾아다녔다. 어느 날 우리는 여느 때처럼 함께 무당집을 찾아갔다. 센터에 골치 아픈 문제가 생겨서 또 점괘를 보기위해서였다. 나는 그날 있는 돈, 없는 돈을 끌어 모아서 1,000만 원짜리 굿을 했다. 내 굿이 끝나자 직장선배는 나보다 약간 더 많은 돈을 주고 굿을 하는 것을 보았다.

나는 그 모습을 보고 문득 그동안의 일이 머릿속에 떠올랐다. 우리는 항상 함께 가서 굿을 했는데 내가 500만 원짜리 굿을 하면 직장선배는 최소한 100만 원이라도 더 비싼 굿을 했다. 그 사람은 꼭 나보다 조금이라도 돈을 더 올려서 굿을 했다. 항상 나보다 더 잘되고 싶은 마음에 금액을 조금이라도 더 올려서 굿을 했던 게 아닌가라는 생각이 들었다. 세월이 흐를수록 그 사람의 욕심이 점점 눈에 보이기 시작하더니 조금씩 싫어지는 마음이 생겼다.

반면에 집사님의 성실함과 순수한 마음은 나를 감동시켰고 나는 예수쟁이들에게 차츰 마음의 문을 열기 시작했다. 집사님을 통해 기도하게 하시고, 하나님이 주신 축복으로 나 역시 하나님을 만나게 되는 영광을 얻었다. 하나님께서는 우리 기업을 믿음으로 세우셨다. 이처럼 많은 예수쟁이들의 기도와 눈물로 세우신 것이다.

하나님께서 축복받을 사람을 많이 보내주신다고 약속하셨다. 예수쟁이들은 돈보다도 사람을 중요시 여긴다. 사람들의 영혼 구원이라면 목숨이라도 바칠 수 있는 사람들이 예수쟁이인 것이다. **세상 사람들 중에 가끔 사람을 돈으로 보는 경우가 있다. 특히 영업을 하거나 장사하는 사람들이 그럴 확률이 다소 높을 수 있다.** 자신도 모르는 사이에 그렇게 된다. 그래서 하나님께서는 우리 회사에 예수쟁이들을 미리 불러 모아주셨던 것이다.

돌아보면 여호와 이레의 하나님은 이렇게 우리와 함께 하셨다. 우리 회사는 소외되고 세상에서 버림받은 자들이 오는 곳이다. 또 우리 회사가 할 일은 생명을 살리는 일이다. 무엇보다도 중요한 것은 영혼구제이다. 하나님께서는 우리 회사를 통해 잃어버린 영혼들을 구원하시길 원하신다. 또 상처 받은 영혼들을 위로하시고 치유하시는 것이 하나님 계획이다.

그러려면 우리 회사가 노아의 방주가 되어야 한다. 하나님께서는 이 사실을 꿈으로 보여주셨고 미리 준비하셨다. 그래서 축복받을 준비가 되어있는 신실하고 성실한 예수쟁이들을 많이 보내주시고 계신다.

무당집과 교회를 함께 다니다

어느 날, 집사님은 나에게 교회에 가자고 말했다. 하지만 나는 마지막으로 해야 할 일이 있었다. 그것은 천도제를 지내는 것이었다. 그래서 한 법당에서 꽤 많은 돈을 내고 천도제를 하게 되었다. 그것은 직장선배의 죽은 남편을 위한 천도제였다. 그때 영(귀신)이 존재한다는 것을 확실히 알았다. 귀신이 법당으로 들어와 얘기를 할 때 아주 작았던 촛불이 확 달아올라 주먹만 해졌다. 영이 그 속으로 들어간 것이다. 영이 나갔을 때는 촛불이 다시 원래대로 돌아왔다.

그 당시 나는 영적인 부분에서 많은 것을 알게 되었다. 하나님께서는 언젠가 나에게 이렇게 말씀하셨다.

"아들아, 너는 영적인 사람이다."

그때 집사님은 6개월 동안 나를 위해 하루에 한 시간씩만 자고 기도를 하고 있었다. 하나님께서는 집사님을 밤에 재우지 않을 정도로 기도를 하게 하셨다. 기도를 하면서 나에게 전도를 한 것이다. 그러다가 정릉에서 출근하던 집사님이 부천으로 이사를 왔다. 그런데 주일이면 서울까지 교회에 다녔다. 그래서 내가 부천에 있는 가까운 교회에 다니지 그러냐고 물었다. 그랬더니 집사님이 이렇게 말했다.

"그러면 교회에 같이 네 번만 나갑시다."

"아, 그래요?"

나는 한 사람이라도 회사에 빨리 들어와서 영업하기를 바라고 있었기 때문에 흔쾌히 승낙했다. 또 한

가지 신경 쓰이는 일이 있었기 때문에 빨리 허락을 했다. 그즈음 나는 남모를 고민이 하나 있었는데 이상하게도 마음이 너무 허전한 것이었다. 가슴이 텅 빈 것처럼 너무나 공허하다는 생각이 나를 지배하고 있었다. 내 곁에 아무도 없이 혼자 가만히 있는 것이 마음 편안하고 좋았다. 또 혼자서 무작정 야외로 나가서 산을 타고 와야 속이 후련했다. 그러고 나면 마음속이 뻥 뚫리는 것처럼 시원해지곤 했다.

그래서 당장 주일부터 교회에 나가기 시작했다. 교회에 나가서 예배를 드리고 점심도 같이 먹고 교재를 하다 보니 교인들과도 조금씩 친해지기 시작했다. 집사님은 평상시에도 늘 기도를 하는 분이었다. 내가 교회에 나가자마자 집사님은 더욱 기도를 하기 시작했다. **교회에 다니지 않는 사람이라도 자기를 위해 기도해준다고 하면 싫어할 사람은 하나도 없다. 그분이 나를 위해 기도해준다니까 나도 기분이 좋았다.**

그런데 나는 교회에도 나갔지만 늘 그랬던 것처럼 무당한테도 갔다. 무당집에 가서 점을 보고 굿을 했다. 그리고 집사님 점괘도 물어보았다. 무당이 점괘를 보더니 이렇게 말했다.

"이 여자는 참 신기하네. 하늘도 버리고 땅도 버린 사람이다."

하지만 집사님은 점괘를 듣고도 크게 개의치 않았다. 본인은 기도로 믿고 나가기에 사주는 상관이 없다고 말씀하셨다. 교회를 세번째 나갈때 나는 이런 생각을 했다. '이번 한 번만 다니고 그만 다녀야겠다'고 다짐했다.

그런데 큰일이 생기고 말았다. 딱 한 번만 가고 더는 안 가려고 했는데 계속 다녀야 되는 사건이 생기고 만 것이다. 내가 피똥을 싸기 시작한 것이다. 이상한 점은 나랑 함께 교회에 다니던 미용실 원장도 피똥을 싸기 시작했다. 우리는 3일 동안 줄곧 피똥을 쏟았다. 첫째 날, 피똥을 쌌을 때는 '왜 이런 일이 생기지? 곧 괜찮아질 거야. 뭘 잘못 먹었나 보다.'라고 생각했다. 하지만 하루 온종일 그런 일이 일어났다. 너무 겁이 나고 무서워서 병원에 갈 엄두가 나지 않았다. 이튿날 아침, 나는 잠자리에서 일어날 때 다리가 후덜덜 떨렸다.

'아, 나는 이제 이러다가 죽나 보다. 아이고, 하나님! 저 좀 살려주세요. 저 이제 교회에 다닐게요.'

나는 하나님께 살려주시면 교회에 다니겠다고 약속을 하고 말았다. 너무나 두려웠기 때문이다. 그러고 나자 신기하게도 피똥을 싸지 않았다. 이 사건 후, 나는 집사님과 함께 곧장 40일 새벽 작정기도를 시작했다. 그 이후로 새벽기도를 다닌 지 벌써 3년이 지났다.

인천에 살던 나는 부천으로 와서 새벽기도를 하고 사무실에 출근했다. 그런데 사람은 참 간사한 동물이다. 나는 피똥을 싸지 않게 되자 그 일을 싹 잊어버리고 슬그머니 무당집에 가고 싶은 생각이 스멀스멀 올라왔다. 하지만 하나님께 무당집에 가지 않겠다고 약속을 했으니 무당집에는 갈 수 없었다. 그래서 일주일 후에 또 가보고 싶은 마음이 부글부글 끓어오르자 부평 골목길에 있는 법사(스님)를 몰래 찾아갔다.

그런데 어느 틈에 미용실 원장에게 연락이 왔다. 전화를 안 받을 수가 없었다. 원장은 나에게 다짜고짜 물었다.

"본부장님! 지금 어디세요?"

"예, 무슨 일이신가요? 저 지금 법당에 와 있어요."

"네에? 거기 가시면 어떻게 해요? 제발 부탁입니다. 저 좀 살려주세요!"

어지럽고 구토증세가 난다는 것이었다. 참 신기하고 무서운 일이었다. 그 후 나는 무당집, 법사는 아예 안 찾아다니게 되었다. 이렇게 하나님의 강권적인 역사로 인하여 거의 반강제적으로 교회에 다닐 수밖에 없게 되었다. 나는 그때 교회에 다니고 기도하면서 약했던 곳을 깨끗하게 고침 받았다. 여호와 하나님께서 함께 하셔서 살아계심을 보여주신 사건이었다.

하나님께서는 "나는 너희를 치료하는 여호와임이라"고 하셨다. 이스라엘 백성들이 엘림에 이르러 거기에 장막을 친 것처럼 나는 고침을 받았고 비로소 하나님 안에서 안식할 수 있게 되었다.

교회에서,
시험에 들다

교회에 다니기 시작하며 나는 최선을 다해 하나님을 믿으리라 생각했다. 그래서 새벽재단을 쌓기 시작했다. 날마다 새벽기도를 하러 교회에 갔다. **함께 출석하는 집사님이 40일 작정기도를 하자고 했다. 그래서 40일 새벽작정기도를 하기 시작하게 되었다. 나는 기도를 할 때 큰소리로 했다.** 작은 소리로 하지 않고 큰소리로 "주여!" 하며 하나님을 부르고 기도를 했다.

그런데 어느 순간 함께 기도했던 분들이 나의 부르짖는 기도가 싫었던 것일까, 아니면 하나님께서 나에게 보여주신 이적들이 부러웠던 것일까. 사탄이 교회 성도들을 잡고 역사하기 시작했다. 나를 위해 기도했던 사람들이 나를 핍박했다.

내가 '회사 대표가 될 것이다.'라고 말하고, 어느 날은 아니라고 말하는 등 시기 질투하는 사람들까지 생겼다. 하나님을 믿는 사람이 어떻게 이럴 수 있는가 결국 나는 그 교회를 더는 다닐 수 없게 되었다.

성경 예레미야 33장 2~3절에 이런 말씀이 있다.

"일을 행하시는 여호와, 그것을 만들며 성취하시는 여호와, 그의 이름을 여호와라 하는 이가 이와 같이 이르시도다. 너는 내게 부르짖으라. 내가 네게 응답하겠고 네가 알지 못하는 크고 은밀한 일을 네게 보이리라."

하나님께서는 이스라엘 백성에게 부르짖으라고 말씀하셨다. 사실 어떤 교회에 가면 아주 조용한 경우가 있다. 입 밖으로 전혀 소리를 내지 않고 속으로만 기도하거나 소리를 내더라도 아주 작은 목소리로 웅얼거리면서 기도한다. 하지만 나는 그렇게 기도하는 사람이 아니었다. 성경 말씀에 나오듯이 하나님께서는 사랑하는 백성에게 부르짖으면 크고 은밀한 일을 보이신다고 하셨다. 물에 빠진 사람이 구원의 손길을 갈망하는 데 어찌 작은 소리로 살려달라고 할 수 있겠는가! 나는 물에 빠진 사람이 살길 바라는 간절한 마음으로 모세처럼 하나님께 두 손을 들고 부르짖을 수밖에 없었다.

나와 집사님은 하나님 앞에서 작정기도를 한다고 약속을 한 상태였기 때문에 할 수 없이 기도할만한 교회를 물색했다. 하나님께서 '대표'가 될거라고 12명을 불렀는데 함께 기도할 장소가 필요했다. 그래서 여기저기 교회를 찾다보니 다행히 가까운 곳에 지하교회가 있었다. 지하에 있는 교회는 마음껏 부르짖어도 누가 방해하지 않을 것 같았다.

그 교회로 옮기기 전에 우리는 센터에서 임명숙 권사님과 함께 기도를 했었다. 그때 하나님께서 권사님에게 나에 대한 꿈을 꾸셨다. 회사 대표이사가 된다는 꿈으로 많은 사람이 모여들었다. 그래서 지하 교회에 총 12명가량이 모여서 함께 기도를 했다.

우리는 새벽에도 기도를 했지만 매일 밤 모여서 함께 기도했다. 그야말로 기도의 불이 활활 타오른 것이다. 밤에 모여 기도를 하는데 지하 교회 목사님이 예배를 인도했다. 목사님은 방언으로 기도를 했다. 우리는 다함께 교회 바닥에 앉아서 큰소리로 기도를 드렸다. 그 중에는 방언으로 기도하는 사람들도 있었다. 목사님은 하나님께서 주신 은사가 많았다. 방언 기도가 깊어지면 성령의 불이 임했고 그러다 보면 교회 바닥을 마구 뒹굴기도 했다. 또 성령님의 감동으로 인해 눈물을 흘리는 사람들도 있었다. 우리는 저녁마다 기도를 하며 주님의 은혜를 받았다. 나도 거기서 방언을 받았다.

그런데 또 문제가 생겼다. 목사님한테 욕심이 생겨서 센터의 영업사원들을 어떻게 해서든지 교회로 데려 오려고 했다. 그래서 우리 센터에 다니며 기도하는 집사님들을 밖으로 드러나게 미워하는 것이 보였다. 한술 더 떠서 심각한 일이 생겼다. 어느 날 본사 대표님이 나를 불러들였다. 그리고 은근히 물었다.

"자네 말이야, 나 말고 우리 회사 대표가 되기 위한 기도를 한다며?"

나는 너무 놀랍고 기가 막혔다.

"예? 대표님. 그건 오해십니다…. 센터 번창을 위해 기도하는 중이었습니다."

내가 아무리 아니라고 해도 대표님은 끄덕하지 않았다. 나는 너무 억울했다. 그래서 정말 아니라며 내 마음을 진심으로 보여주려 했지만 대표님 마음은 완전히 돌아서버리고 말았다. 나중에 알고 보니 범인은 바로 지하 교회의 목사와 최측근들이었다. 그들이 본사에 나와 기도하는 사람들은 "수석 본부장이 대표이사가 된다고 말했다, 그러려고 지금 열심히 이런 저런 일을 벌이고 있다."며 본사에 가서 말을 했다는 것이다.

나는 마음속에서 분노가 끓어올라왔다. 너무나 화가 나고 배신감에 휩싸여 치가 떨렸다.

'저 사람은 목사도, 인간도 아니다. 저것들은 인간도 아니다.'

너무 화가 나고 허탈했지만 나는 사탄이 틈을 탄 것이라는 것을 알 수 있었다. 그리고 시험을 당하거든 온전히 기쁘게 여기라는 하나님의 말씀을 생각하며 그곳을 나왔다. 그 때 어머니께서 내게 해주신 말씀이 떠올랐다.

"아들아, 세상에 믿을 사람은 없다. 믿을 분은 오직 하나님 뿐이다."

나는 새삼 깨달았다. 인간은 언제고 자기 이득 여하에 따라서 변할 수 있다는 것을….

센터,
파투로
딱 세 명만 남다

내가 수석본부장에서 밀려나자 주위 사람들이 하나 둘 썰물처럼 빠져나가기 시작했다. 큰 회사의 대표이사가 될 거라며 함께 기도했던 사업자들이 슬그머니 사라졌다. 남아 있는 사람은 전현희, 임영숙, 전희자 딱 3명이었다. 6년 동안 한솥밥을 먹으며 아침저녁으로 같이 기도했던 사람들이었다. 그들이 사무실을 떠나니 나는 너무 허탈했다. 큰 회사의 대표이사가 될 거라고 굳게 믿으며 날마다 쉬지 않고 기도

하던 사람들이었다. 시간이 길어지자 참지 못한 사람들은 모두 떠나고 3명만 남게 된 것이다. 기가 막히는 것은 나와 함께 응답을 받았던 미용실 원장까지도 이제는 내가 대표이사가 안 된다고 말하는 것이었다.

"수석본부장님, 아무래도 아닌가 봐요. 대표이사가 된다는 꿈은…."

그야말로 센터는 초토화되었고 난장판이 되어버렸다. **나는 그동안 회사에서 수석본부장을 7년 동안이나 했다. 그런 나에게 남은 것은 9,500만 원의 빚뿐이었다.** 센터를 운영하며 돈을 번 것이 아니라 도리어 빚을 지고 있었다. **거기에다 사업자들까지 다 빠져나가고 나니 허탈감과 회의감이 파도처럼 밀려와 다리가 후들거려 서 있기조차 힘들었다.**

내가 이렇게 힘들어 하고 있는 사이에 어떤 사람이 우리 센터 바로 옆에 경쟁 사무실을 냈다. 그러자 나와 함께 일했던 사람들이 하나, 둘 그곳을 기웃거리며 들어가더니 나중에는 우르르 몰려갔다. 그것을 본 나는 마음에 심한 상처를 받게 되었다. 한편으로는 사람은 이해타산적이라며 스스로를 위로했다. 나는 어쩔 수 없이 그 모습을 우두커니 바라보고 있을 수밖에 없었다. 그러다가 혼자 다짐을 했다.

'아, 이제 이쪽 일은 그만 두어야겠다. 앞으로 이쪽 계통은 일절 안 해야겠어.'

나는 집사님께 사정을 이야기했다.

"집사님! 저는 이제 이쪽 관련 일은 안 할 겁니다. 집사님도 지금이라도, 그만두시고 마트 판매원이라도 하시면 어떨까요? 몸도 안 좋긴 하시지만…"

건강도 안 좋은 집사님에게 이렇게 말하는 것이 죄송했지만 어떻게 할 방법이 없었다.

양손에 빚만 잔뜩 쥔 나는 친구가 운영하는 고철회사에 다녀야겠다는 생각을 했다. 친구는 대형차를 운영하면 한 달에 최소한 6백만 원은 벌 수 있다고 말했다. **당시 나는 인간의 힘으로는 도저히 극복할 수 없는 절망적인 상황에 몰려 있었다. 하지만 세월이 흐르면서 하나님께서는 어찌할 수 없는 한계상황에 도달했을 때 비로소 구원의 손길을 내밀어주**

신다는 것을 깨닫게 되었다.

그야말로 한계상황은 하나님께서 일하신다는 사인이고 축복의 시발점이다.

나 역시 막다른 골목에 서 있었다. 그래서 다시 두 손을 들고 하나님께 부르짖으며 기도하기 시작했다. '반드시 내가 너를 대표로 세울 것이며 이 기업은 대기업이 될 것이며, 열방의 국가로 나갈 것이다.'라는 하나님의 약속을 기억하면서.

두번째장 *chapter 2*

유혹의 이단들, 광야를 지나다

인생의 터닝 포인트

엘리야는 우리와 성정이 같은 사람이로되 그가 비가 오지 않기를 간절히 기도한즉 삼 년 육 개월 동안 땅에 비가 오지 아니하고 다시 기도하니 하늘이 비를 주고 땅이 열매를 맺었느니라 (약 5:17~18)

인천 기도원에서 응답하신 하나님

네덜란드의 유명한 부흥사였던 코리 텐 붐 여사. 그녀는 40일 동안 나치 수용소의 독방에 갇혔다. 모든 사람이 무서워하는 곳이 독방이었다. 독방 안에서 전혀 움직이지 못하고 40일 동안 쪼그리고 앉아 있어야 했는데 많은 사람이 정신병자가 되어 나왔다. 코리 텐 붐 여사 또한 너무나 힘이 들었다. 나중에는 믿음도 사라지고 인내심도 한계에 다다르게 되었다. 그녀는 조금도 움직일 수 없는 그 곳에서 마지막 힘을 다해 부르짖으며 하나님께 간절히 기도했다.

"하나님, 저는 이제 더 이상 견딜 수가 없습니다. 도저히 버틸 힘도 없고 믿음도 모두 사라져버리고 말았습니다. 어떻게 하면 좋습니까?" 그때 그녀의 눈앞에 개미 한 마리가 보였다. 개미는 바닥을 기어가다가 고여 있는 물을 피해서 벽 옆의 조그마한 틈으로 들어가고 있었다. 그때 불현듯 하나님의 음성이 들렸다. "코리야, 저 개미가 보이느냐? 개미가 지금 어디로 가고 있느냐?" 그녀는 두려운 마음을 억누르며 떨리는 목소리로 대답했다. "네, 하나님! 작은 틈으로 피해서 가고 있습니다." "그래, 너는 지금 피할 곳이 없다고 생각하고 있지만 내가 바로 너의 피난처니라. 이제 나를 향해 다가오너라. 내가 너를 품어주마. 너는 내 속에서 안전하게 보호함을 받을 수 있단다. 사랑하는 딸아, 나를 바라보아라."

코리 텐 붐 여사는 그날부터 독방에서 하나님만을 바라보기로 했다. 그녀는 날마다 간절히 기도했다. "하나님, 저 개미가 벽에 생긴 틈으로 들어가 피하는 것처럼 저도 하나님의 품에 제 자신을 맡깁니다. 불쌍히 여기시고 저를 붙들어 주시옵소서." 그러자 그 순간 코리 텐 붐 여사의 마음속에 평안함이 물밀듯이 몰려왔다. 하나님께서 임재하신 것이다. 형언할 수 없는 행복과 기쁨이 그녀의 마음에 가득 넘쳤다. 그녀의 하루하루는 평안과 기쁨으로 충만했다. 간수들은 그녀가 독방에 있는 동안에 정신이상이 생길 줄 알았는데 더 평안하고 기쁨이 충만해진 얼굴로 나오게 되자 큰 충격을 받았다.

그 당시 나는 마치 절벽 위에 서 있는 듯한 심정이었다. 말 그대로 죽기 아니면 살기였다. 바로 아래가 낭떠러지였고 한 발만 내딛으면 떨어져 죽을 수밖에 없는 상황이었다. 나는 오직 하나님만 의지할 수밖에 없었다.

우연히 집 앞에 있는 교회에 갔다. 그곳은 기도원인데 전국에서 많은 사람이 몰려왔다. 주일을 빼고 거의 매일 오전, 오후에 예배를 드렸다.

하나님은 기도 중에 여러 가지 환상을 통해서 나

를 위로해주셨다. 나는 그곳에서 날마다 아침저녁으로 하나님께 부르짖으며 간절한 마음으로 기도를 했다. 그러던 어느 날, 같이 기도하는 임 권사님께서 하나님의 뜻이라며 이순권 회장을 만나자고 제의했다.

'아들아, 제조공장의 이순권 회장을 만나라. 거기를 찾아가거라.'

권사님과 집사님이 먼저 인천 남동공단 이순권 회장을 만나러 갔는데 4시간을 기다려도 오지 않아 그냥 돌아왔다.

일단 두 집사님을 공장으로 보내 그 상황을 알아보라 했지만, 제조공장 대표를 만나는 일은 쉽지 않았다. 우여곡절 끝에 나는 이순권 회장을 만나 상황 설명을 하고 미팅을 하게 되었다. 회장님과의 만남은 새로운 인생이 열리는 전환점, 또 다른 계기가 되었다.

2장 유혹의 이단들, 광야를 지나다

엘리야는 우리와 성정이 같은 사람이로되 그가 비가 오지 않기를 간절히 기도한즉 삼 년 육 개월 동안 땅에 비가 오지 아니하고 다시 기도하니 하늘이 비를 주고 땅이 열매를 맺었느니라 (약 5:17~18)

제조공장에서 만난 출시 못한 제품

하나님께서 주신 복 가운데 가장 큰 복은 좋은 만남을 허락해주시는 것이 아닐까 생각한다. 우리의 삶은 만남의 축복으로 이루어진다. 어차피 우리 인생은 나그네 같은 삶이다. 우리 인생에 필요한 것은 복된 만남이다. 물론 이것은 고스란히 하나님의 은혜에서 비롯된다. 또 우리 삶이 행복해지기 위해서는 만남이 필요하고, 주님께서 기뻐하는 삶을 살기위해 만남의 확장이 필요하다.

특히 성경에는 만남의 축복을 경험한 많은 이들을 보여주고 있다. 먼저 아브라함과 모세의 만남이다. 아브라함의 삶은 무엇보다도 하나님과의 만남에서 시작되었다. 그 후에 주위 사람들과 이방인들의 만남으로 이어졌다. 하나님의 말씀대로 본토 친척 아비 집을 떠나 가나안으로 가서 그곳 사람들을 만났다. 또 애굽으로 건너가서 그곳 사람들을 만났고 그랄로 가서 그곳 사람들을 만났다. 모세도 마찬가지다. 먼저 하나님과의 만남이 시작되었고 그 후에 사람들을 만남으로 축복이 이어졌다.

하나님이 그를 불러 가라사대
모세야 모세야 하시매 (출 3:4)

하나님은 이처럼 모세의 이름을 큰 소리로 부르셨다. 그의 이름을 부르셔서 직접 그를 만나주셨던 것이다. 모세 또한 바로와 이스라엘 백성을 만남으로써 하나님께서 계획하신 모든 사역들을 이루어드릴 수 있게 되었다. 하나님을 만난 모세, 그리고 모세를 만난 사람들은 자신의 의지와 다른 삶을 살 수밖에 없었고 인생이 변화될 수 있었다.

베드로의 사역도 만남으로 이루어졌다. 베드로가 처음에 예수님을 만나고 부인했지만 부활하신 주님을 다시 또 만났을 때 그의 인생은 변화되었다. 그리고 그가 도르가와 고넬료를 만났을 때 베드로의 인생관은 바뀌어졌고 욥바와 가이사랴의 역사가 바뀌어졌다고 할 수 있겠다. 이방 나라에 대해 가졌던 부정적인 생각들과 선입견이 다 사라져버린 것이다.

사도 바울은 또 어떠한가. 그가 다메섹 도상에서 주님을 만나고 아라비아로 가서 더 깊이 기도하며 다시 주님을 만났을 때 그의 삶은 변화했다. 또 빌립보에서 루디아를 만났을 때 바울의 인생관은 바뀌게 되었고 마게도냐와 유럽의 역사는 뒤바뀌어졌다. 바울은 많은 사람들과의 만남과 나눔을 통해 진정한 주님의 평안과 기쁨을 누릴 수 있었고 땅끝까지 복음을 전하는 이방인들의 사도가 될 수 있었다.

또한 사마리아 수가성 여인의 삶은 어떠한가. 수가성 여인은 주님을 만났을 때 전인적인 삶의 변화를 맞이할 수 있었다. 그리고 그녀가 수가성 사람들을 만났을 때 그녀의 삶과 수가성 사람들의 삶은 변화될 수밖에 없었다. 수많은 실패를 맛보고 좌절감과 결핍감에 빠져 허우적거리던 수가성 여인은 사람들이 없는 시간에 물을 길으러 왔다가 예수님을 만나게 되었다. 그녀가 우물가에서 주님을 만났을 때를 생각해보라. 그 순간 그녀는 마음속에는 말로 형언할 수 없는 희망의 빛이 스며들어오기 시작했고, 감사와 평안함이 몰려왔다. 그녀는 누가 말하지 않아도 스스로 물동이를 버려두고 수가성으로 뛰어 들어갔다. 그녀가 사마리아인들을 만났을 때 사마리아인들의 삶은 물론이고 그녀의 인생도 바뀌었다.

하나님께서는 나에게도 귀한 만남의 축복을 허락하셨다. 나는 하나님의 말씀대로 제조공장의 이순권 회장을 직접 찾아갔다. 그 공장에 가서 보니 신제품을 개발하면 크게 성공할 것 같은 느낌이 들었다. 그래서 이 회장님께 이렇게 말했다.

“회장님, 신제품을 개발하십시오. 신제품만 내면

대박이 날 것인데 왜 개발을 안 합니까?"

"예, 그렇지요. 신제품을 내면 반드시 히트를 칠 제품이지요. 그런데 돈이 없어서…."

"아, 돈이 꽤 많이 드나보군요."

"그렇지요. 공장에 라인 하나를 까는데도 30억 원이 든다니까요."

센터를 두개나 운영하느라고 빚만 9, 500만 원 남아있던 나는 돈이 하나도 없어서 아무런 말도 하지 못했다. 이 회장은 나에게 음식물처리기 사진을 한 장 건네주었다.

"이것은 2014년 출시를 하려다가 못한 제품입니다."

사진 한 장을 자세히 살펴보던 나는 희망의 빛이 환하게 비치는 것을 느꼈다.

'아, 이제 돈만 있으면 되겠구나.'

나는 그렇게 하나님 말씀을 믿고 찾아간 공장에서 한 장의 사진을 손에 쥐고 나왔다. 사진 한 장은 막연한 제품을 구체적으로 그려주었다. 하나님은 그런 분이다. 치밀하고 계획적인 분이다. 이 사진 한 장이 지금의 회사를 있게 했다.

'그래, 하나님 이름으로 시작해보는거야. 나에게는 그 무엇과도 비교할 수 없는 후원자가 있잖아.'

"하나님 이름으로 해보기나 했어?"

하나님께서 예비하신 정말 소중한 사진 한 장이었다. 하나님께서 주신 귀하고 소중한 만남의 축복이 마침내 현실로 나타나는 순간이었다.

100만 원 자본금과 믿음으로 법인을 시작

'퍼스트 펭귄 상'은 펭귄 무리의 습성에서 착안했다고 한다. 무리 생활을 하는 펭귄들은 먹잇감을 구하러 바다에 뛰어들어야만 하는데 바다표범 같은 바다의 포식자들을 몹시 두려워 한다. 그래서 펭귄들은 바다에 뛰어들기를 머뭇거린다. 하지만 가장 먼저 바다에 용감하게 뛰어들어 다른 펭귄들이 뒤따라서 뛰어들도록 이끄는 펭귄이 있다. 이를 '퍼스트 펭귄' 이라고 지칭한다. 퍼스트 펭귄의 진정한 의미는 실패를 두려워하지 않는 도전정신이라고 할 수 있다.

미국 카네기멜론 대학의 컴퓨터공학과 교수인 랜디 포시. 그의 마지막 수업에서 나온 말이다. 그가 죽은 후에 《마지막 강의(The Last Lecture)》라는 책이 출간되었는데 그 책을 통해 전 세계에 널리 알려지게 되었다. 그는 췌장암 재발로 시한부 선고를 받은 지 한 달이 되던 시점에 카네기멜론 대학에서 '당신의 어릴 적 꿈을 실현하라'라는 주제로 강의를 한 적이 있었다. 당시에 그는 실패할 줄 뻔히 알고 있으면서도 위험을 감수하고 목표를 향해 맹렬하게 앞으로 나아가는 학생들에게 '퍼스트 펭귄 상(First Penguin Award)'에 대해 언급했고 그들에게 불굴의 용기를 심어주었다.

우리나라에도 이런 '퍼스트 펭귄' 같은 도전정신으로 살아온 사업가와 목사님들이 꽤 있다. 특히 최자실 목사님은 초기에 조용기 목사님과 함께 빈민 지역에서 공동목회를 한 것으로 유명하다. 그들은 가난과 질병으로 고통 받고 있던 대조동의 많은 주민들에게 예수님의 구원과 소망을 전했다. 그렇게 했을 때 귀신 들린 여인과 앉은뱅이, 중풍병자가 낫는 기적이 일어나고 무당이 회심하는 역사가 일어났던 것이다. 병자가 낫는다는 소문이 온 동네에 퍼지면서 당시 대조동 천막 교회에는 500명 이상의 성도들이 몰려들었다.

최자실 목사님이 처음 교회를 시작할 때였다. 원래는 조 목사님이 건축 일을 하던 사람들과 함께 지어준 벽돌집에서 교회를 시작하려고 생각하고 있었다. 하지만 최 목사님이 개척한 교회는 묘지 옆 깨밭에 있는 낡은 천막 교회였다. 천막 안 바닥에는 가마니가 깔려 있었고 맨 앞쪽에는 사과 상자 위에 보자기를 씌워서 만든 초라한 강대상이 놓여있을 뿐이었다. 조 목사님은 믿음의 어머니인 최 목사님에게 물었다.

"어머니, 왜 지난번에 지은 집에서 예배를 드리고 계시지 않고 갑자기 천막 교회를 세우셨어요?"

"그랬지요. 처음엔 거기에서 예배를 드리려고 했어요. 그런데 내 마음속에 '천막 교회라도 세워라'라는 음성이 들려왔어요. 이렇게라도 교회를 세우는 것이다 하나님의 뜻이라는 생각이 들었어요. 그래서 당장 동대문시장에 가서 천막을 사다가 이렇게 교회를 세우게 된 것입니다."

그렇게 개척한 천막 교회에 처음부터 당장 교인들이 몰려온 것은 아니었다. 초기에는 가족들만 모여서 예배를 했다. 그러다가 기도와 여러 헌신을 통해 하나님께서 병자들을 보내주시고 그 병자들이 고침 받음을 통해서 교회가 부흥해 간 것이었다. 결국 이 낡고 허름한 천막교회가 여의도순복음교회의 시작이 된 것이었다.

히브리서 11장에는 믿음의 선진들이 많이 나온다.

믿음이 없이는 하나님을 기쁘시게 하지 못하나니 하나님께 나아가는 자는 반드시 그가 계신 것과 또한 그가 자기를 찾는 자들에게 상 주시는 이심을 믿어야 할지니라. 믿음으로 노아는 아직 보이지 않는 일에 경고하심을 받아 경외함으로 방주를 준비하여 그 집을 구원하였으니 이로 말미암아 세상을 정죄하고 믿음을 따르는 의의 상

속자가 되었느니라.

믿음으로 아브라함은 부르심을 받았을 때에 순종하여 장래의 유업으로 받을 땅에 나아갈 새 갈 바를 알지 못하고 나아갔으며 믿음으로 그가 이방의 땅에 있는 것 같이 약속의 땅에 거류하여 동일한 약속을 유업으로 함께 받은 이삭 및 야곱과 더불어 장막에 거하였으니 이는 그가 하나님이 계획하시고 지으실 터가 있는 성을 바랐음이라 (히 11:6~10)

제조공장에서 사진을 들고 나온 나는 마음이 다급해졌다.

'아, 당장 법인 회사를 세워야겠는데 돈이 하나도 없구나….'

수중에 돈이 만 원도 없던 나는 낙심하고 있었다. 하지만 하나님을 바라보았다. 그리고 어떤 사업자 한 분에게 "앞으로 음식물소멸기 회사를 설립하려고 하는데 투자 좀 해주세요."라고 부탁을 했다. 그런데 그분은 아무 것도 없는 나를 딱 한 번 보고 1,200만 원을 투자해주셨다. 그래서 월세 밀린 것 4개월을 입금하고 나머지에서 100만 원으로 법인을 세우게 되었다. 그 때가 2017년 10월 21일의 일이다. **나는 이렇게 믿음의 선진들처럼 하나님만을 바라보고 법인을 설립하게 되었다.**

“무조건 공사하라”는 응답과 함께

나는 현대그룹을 세운 정주영 회장을 존경한다. 그에 관한 유명한 일화 하나가 있다. 그의 꿈은 우리나라 조선소를 ‘세계 최고의 조선소’로 만드는 것이었다. 당시 그에겐 돈, 기술, 경험, 명성 그 어떠한 것도 없었다. 당연히 사람들은 그에게 부정적인 말들을 했고 비아냥대기 일쑤였다. 하지만 그는 결코 포기하지 않았다. 자금을 만들기 위해 조선소를 지을 모래사장 사진 한 장과 외국 조선소에서 빌린 유조선 설계도 한 장을 들고 영국 바클레이 은행의 회장을 찾아갔다. 그는 당당하게 말했다.

"조선소를 지을 예정인데 돈 좀 빌려주시오."

그러자 당연하게도 대답은 'NO'였다. 이때 그는 바지에서 500원짜리 지폐 한 장을 꺼내 지폐에 그려진 그림을 보여주었다.

"우리는 영국보다 300년 앞서 이미 철갑선을 만들었소. 그리고 400여 년 전 일본이 수백 척의 배를 몰고 쳐들어 온 것을 이 철갑 거북선으로 다 막아냈소. 다만 쇄국정책으로 산업화가 늦었을 뿐, 그 잠재력은 그대로 갖고 있소."

이 한마디를 통해 정주영 회장은 차관 합의를 받아냈다. 그리고 모두가 불가능할 것이라 생각했던 세계 최고의 조선소를 설립했다. 그는 항상 이 말을 입에 달고 다녔다고 한다.

"이봐, 해보기나 했어?"

내가 여느 날처럼 기도원에서 기도하는 중에 하나님께서 말씀하셨다.

"아들아! 무조건 사무실 공사를 하도록 해라."

나는 하나님 말씀에 무조건 순종하기로 마음먹었다. 그리고 공사할 사람을 찾는 중에 집사님 동생이 인테리어를 한다는 사실을 알게 되었다. 집사님 동생은 해남에 산다고 하여 나는 집사님과 함께 전라도 해남으로 그 남동생을 만나러 갔다. 순천에 도착한 집사님과 나는 어느 커피숍에서 내 남동생과 집사님 동생 4명이 함께 처음으로 미팅을 했다. 서로 인사를 나눈 후에 나는 그 동생 분과 내 동생 앞에 사진 한 장을 내놓았다. 바로 음식물처리기 사진이었다.

"이게 음식물처리기 설계도인데요. 앞으로 제가 이런 제품을 만들어 판매를 할 것입니다. 어떠세요. 우리 함께 멋지게 해보십시다."라고 이야기 했지만, 둘다 갸우뚱하는 눈치였다. 그렇게 얘기를 나눈 후에 우리는 서울로 올라왔다. 그 후, 집사님은 남동생에게 가끔 전화를 했다.

"그래, 얼른 올라와서 공사를 해야지."

그러면 집사님 남동생은 이렇게 묻곤 했다.

"그럼 누나, 돈은 준비 됐나요?"

"응, 하나님이 준비하셨어. 하나님이 준비하셨으니까 너는 아무 걱정도 하지 말고 얼른 올라와서 공사를 해."

이렇듯 집사님은 동생에게 몇 번 전화를 했고 그때마다 동생은 돈이 준비됐냐고 물었다. 그러면 집사님 대답은 한결 같았다. **하나님이 준비하셨으니까 걱정하지 말고 얼른 올라와서 공사하라는 얘기였다. 옆에서 들어보니 동생은 그 말을 믿지 못하는 것 같았다.** 하지만 집사님인 누나가 워낙 신실하기도 했지만 하나님께서 준비하셨다는 그 당당한 말에 압도된 것 같았다.

결국 집사님 동생 차로 한가득 공사에 필요한 공구와 재료를 다 준비해서 사무실 앞에 도착했다. 그날은 2017년 11월 9일로, 나는 전현희, 임영숙, 전희자 3명과 함께 동생분이 공사하는 것을 옆에서 열심히 최선을 다해 도왔다. 공사에 필요한 여러 공구와 무거운 재료들을 계단을 오르내리며 날랐다. 또 건물 뜯기를 함께 거들고 폐기물을 자루에 담아서 계단을 오르내렸다.

우리는 날마다 밤 12시까지 힘을 모아서 공사를 했다. 2개월 동안이나 이어진 힘겨운 공사였다. 서로 도와 일한 덕분에 사무실은 멋지고 깔끔하게 리모델링되었다. 이렇게 집사님 동생은 먼저 자기 돈을 투자해서 사무실의 리모델링 공사를 마쳤다. 그리고 우리 회사가 총판 모집을 하고 난 후에 조금씩 나누어 공사비를 갚을 수 있었다.

그런 가운데 힘든 일도 있었다. 집사님이 5중 충돌 교통사고가 난 것이다. 그래서 1주일 동안 병원에 입원하기도 했다. 큰 사고는 아니지만, 가슴을 쓸어내렸다. 한 사람의 손이 매우 귀한 시기였기에 집사님은 일을 도와 줄 수 없어서 매우 안타까워했다. 나는 집사님께 기도와 치료에 집중하라고 당부했다. **감사하게도 하나님의 강권적인 인도하심으로 인해 우리 회사의 사무실을 출범할 수 있었다. 지금 생각하면 모두가 하나님의 은혜이다.**

마케팅,
총판 모집에
나서다

야곱이 버드나무와 살구나무와 신풍나무의 푸른 가지를 취하여 그것들의 껍질을 벗겨 흰 무늬를 내고 그 껍질 벗긴 가지를 양떼가 와서 먹는 개천의 물구유에 세워 양떼에 향하게 하매 그 떼가 물을 먹으러 올 때에 새끼를 배니 가지 앞에서 새끼를 배므로 얼룩얼룩한 것과 점이 있고 아롱진 것을 낳은지라

야곱이 새끼 양을 구분하고 그 얼룩무늬와 검은 빛 있는 것으로 라반의 양과 서로 대하게 하며 자기 양을 따

로 두어 라반의 양과 섞이지 않게 하며 실한 양이 새끼 밸 때에는 야곱이 개천에다가 양떼의 눈앞에 그 가지를 두어 양으로 그 가지 곁에서 새끼를 배게 하고 약한 양이면 그 가지를 두지 아니하니 이러므로 약한 자는 라반의 것이 되고 실한 자는 야곱의 것이 된지라 이에 그 사람이 심히 풍부하여 양떼와 노비와 약대와 나귀가 많았더라 (창 30:37~43)

믿음의 조상 야곱은 형인 에서를 피해 정처 없이 집을 떠났다. 그는 가진 것이 없었다. 손에 지팡이 하나 들고 먼 길을 와서, 외삼촌 집에서 일을 했다. 외삼촌이 보니 야곱은 일을 아주 열심히 잘했고 그는 딸을 야곱에게 둘이나 주었다. 사위가 된 야곱은 라반의 집에서 최선을 다해 일했다. 하나님께서 야곱이 하는 일마다 복을 주셨고 그가 하는 일이 잘되었는데 외삼촌은 그것을 다 가져갔다.

야곱은 회의감이 들었고 이런 생각을 하게 되었다.

'내가 이곳까지 와서 오랜 세월 동안 열심히 일을 했는데 내 것은 없고, 어떻게 다시 집으로 돌아갈 수

있을까?'

하지만 야곱은 하나님의 약속을 믿고 외삼촌께서 한 가지 제안을 한다.

"내가 외삼촌의 양 떼에 두루 다니며 그 양 중에 아롱진 것과 점 있는 것과 검은 것을 가려내며 또 양 중에 점 있는 것과 아롱진 것을 가려내리니 이 같은 것이 내 품삯이 될 것입니다."

야곱은 마음속에 가진 꿈이 있었다. 그는 꿈을 꾸며 하나님이 함께 하시면 많은 얼룩덜룩한 양과 염소가 생겨날 것이라 믿고 있었다. 그는 그 믿음을 가지고 하나님만 바라보며 라반에게 그런 제안을 한 것이다. 사실 라반은 야곱의 마음속에 있는 꿈을 전혀 알지 못했다. 성경을 보면 하나님께서는 늘 꿈꾸는 사람과 함께 하신 것을 볼 수 있다. 말씀을 붙잡고 기도하며 거룩한 꿈을 꾸는 믿음의 사람들에게 복을 주시는 것이다. 이것을 성경학자들은 '바라봄의 법칙'이라고 한다. 이처럼 믿음으로 모든 일을 바라볼 때 기적이 일어난다.

나는 모든 것이 힘들고 어려운 상황이었지만 야곱처럼 하나님만을 바라보았다. 날마다 아침저녁으로 기도를 하며 믿음으로 우리 회사를 향하신 하나님의 약속만을 생각했고 하나님께서 반드시 나와 회사를 축복하실 것이라고 믿어 의심치 않았다.

우리 회사는 하나님께서 세우신 기업이고 하나님께서 나를 부르셨으니 분명히 일하실 것이라고 확신했다. 그래서 최선을 다해 법인 회사를 세웠고 사무실을 리모델링하여 드디어 회사를 열 수 있게 되었다.

하나님께서는 늘 준비된 자를 쓰신다. 감사하게도 나는 오랜 세월 동안 음식물처리기 사업체에서 일한 경험이 있었다. 그 경험을 바탕으로 마케팅 전략을 짰다. 무엇보다도 '총판'을 모집하는 게 우선이라고 생각했다. 2018년 2월 첫 번째 총판이 나왔는데, 황명일 목포지역 총판장이다. 이후 2018년 7월 3일 오후 1시에 부천시민회관에서 세미나를 열고 본격적인 마케팅을 시작했다. 서울과 인천, 경기권 외 전국 주요 거점 도시의 사업 강화를 위해 수도권과 충청, 강원, 전남·북권 등 경상권 지역 고객을 대상으로 '고객대상 신제품 출시 및 세미나'를 개최한 것이다.

세미나를 열 때 음식물처리기가 아직 출품되지 않은 상태였다. 그래서 우리는 모각제품을 가지고 마케팅을 할 수밖에 없었다. 마케팅을 할 때 참석한 사람들에게 계란을 나누어 주었는데 무려 6천 판이 나갔을 정도였다. 이날 행사는 사업자인 김남용, 김은정 씨의 사회로 진행되었다. 탤런트 정동남, 최정식 씨가 홍보대사로 위촉되었고 전국 각지에서 1,200여 명의 고객과 사업주들이 몰려들어 인산인해를 이루었다. 내가 직접 강연을 하기도 했다.

"여러분 저희 회사는 앞으로 어느 가정에서나 누구나 편리하게 사용할 수 있도록 만들어진 음식물처리기 제품을 구입할 수 있도록 렌탈 방식으로 보급할 것입니다. 이번에 출시된 음식물처리기는 사용하기에 편리하게 인공지능을 탑재했습니다. 음식물을 투입하는 즉시 미생물에 의한 소멸방식과 추가비용이 들어가지 않도록 미생물이 발효되는 특허기술로 제작되어 차세대 명품 가전제품으로 자리매김할 것입니다. 저희 제품은 구형이 아니고 신형입니다."

세미나가 끝나자마자 오천만 원씩 총판 투자를 하겠다는 사람들이 한 명씩 나오기 시작했다. 돈이 입금되기 시작한 것이다. 이렇게 우리는 입금된 돈으로 사무실 리모델링 공사비를 주고 또 제조공장에 돈을 입금할 수 있었다. **하나님의 살아계심을 체험한 날이었다. 제품도 없이 사진 한 장만으로 이룬 기적이다. 살아계신 하나님께 영광을 올려드린다.**

주변에서 방해 공작이 들어오다

다윗은 사울이 보내는 곳마다 가서 지혜롭게 행하매 사울이 그를 군대의 장으로 삼았더니 온 백성이 합당히 여겼고 사울의 신하들도 합당히 여겼더라 무리가 돌아올 때 곧 다윗이 블레셋 사람을 죽이고 돌아올 때에 여인들이 이스라엘 모든 성읍에서 나와서 노래하며 춤추며 소고와 경쇠를 가지고 왕 사울을 환영하는데 여인들이 뛰놀며 노래하여 이르되 사울이 죽인 자는 천천이요 다윗은 만만이로다 한지라 사울이 그 말에 불쾌하여 심히 노하여 이르되 다윗에게는 만만을 돌리고 내게는 천천만 돌리니 그가 더 얻을 것이 나라 말고 무엇이냐 하고 그 날 후로 사울이 다윗을 주목하였더라

그 이튿날 하나님께서 부리시는 악령이 사울에게 힘 있게 내리매 그가 집 안에서 정신없이 떠들어대므로 다윗이 평일과 같이 손으로 수금을 타는데 그 때에 사울의 손에 창이 있는지라 그가 스스로 이르기를 내가 다윗을 벽에 박으리라 하고 사울이 그 창을 던졌으나 다윗이 그의 앞에서 두 번 피하였더라 여호와께서 사울을 떠나 다윗과 함께 계시므로 사울이 그를 두려워한지라 (삼상 18:5~12)

성경 사무엘에 등장하는 사울은 질투의 화신이다. 그는 왕을 달라는 이스라엘 백성의 요구와 하나님의 응답으로 왕이 되었다. 기름부음 받을 당시에 사울은 성령을 강하게 받아서 예언을 하고, 대적을 물리치는 공을 세웠다. 하지만 그는 전세가 급박한데도 제사를 드릴 사무엘이 늦게 오자 성급한 마음으로

직접 제사를 드리고 만다. 이후에도 하나님께서 진멸하라고 하신 적을 완전히 진멸하지 않는 등 하나님께 불순종한다. 하나님께 버림 받은 사울은 용사들을 수하로 거두어서 왕궁에 살게 하고 그들을 의지해 영토전쟁을 이끌어나가게 된다. 그는 하나님께 의지하는 전쟁이 아니라 인간의 힘을 의지하는 싸움을 하게 된 것이다.

그때 다윗이 등장한다. 사울은 다윗을 질투했다. 골리앗 앞에 우뚝 선 다윗은 만군의 여호와의 이름으로 물맷돌을 날려 승리한다. 다윗은 이후에도 전장에 나갈 때마다 하나님을 의지하여 공을 세우고 이스라엘에 승리를 가져다준다. 사람들은 이제 사울보다는 다윗을 찬양하기 시작한다. 자신과 다르게 하나님을 의지하고 인정받으며 승승장구하는 다윗을 본 사울은 두려움에 휩싸이게 되고 강한 질투를 느끼게 된다. 세월이 흐를수록 사울은 다윗에게 더욱 강렬한 질투심과 열등감을 느끼고 그에게 왕위를 빼앗길 것을 두려워하게 된다.

이렇듯 우리 회사가 번창하기 시작하자 주위에 소문이 나기 시작했다. 부천시민회관에서 세미나를 크게 열고 총판 모집까지 마쳤다는 소식에 곳곳에서 방해를 하기 시작했다. 일종의 시기심과 질투라고 볼 수 있었다. 전에 같은 회사에서 나를 도와주었던 분도 내가 대표이사가 안 될 것이니, 지금 회사에 절대 오지 않겠다는 말도 들었던 적 있다.

하지만 **그들은 우리 회사가 승승장구한다는 소식을 듣고 가만히 있지 않았다. 그들은 맹렬하게 우리를 헐뜯고 비난했다.** 나와 함께 밤 12시까지 힘들게 계단을 오르내리며 사무실 공사를 하고 기도해주는 집사님께 핸드폰 메시지와 카톡을 통해 무수한 욕설을 해댔다. 심지어 나중에는 '죽이네, 살리네, 예수 무당쟁이네…' 하면서 입에 담지 못할 아주 심한 말로 할퀴고 찌르며 상처를 주었다.

이전에 함께 기도를 해주던 목사들도 다 마찬가지였다. 그들도 우리를 몹시 핍박했다. 왜 그러는지 도무지 알 수 없었다. 그런 목사님을 바라보며 진심으로 성도를 아끼고 사랑하는 마음이 전혀 없는 듯이 보였다. 하나님의 백성들을 사랑하고 위로하고 격려를 해주는 것이 목사님들의 사명인데 정말 어처구니가 없는 일이다. 마치 야고보서에 나오는 '행하는 믿음이 아니라 죽은 믿음'의 소유자들 같았다. 마음에 주님이 없는 사람들 같아보였다.

하지만 나는 그렇게 어리석은 사람이 아니다. 그렇게 분별력이 없다면 어떻게 우리 회사가 여기까지 올 수 있었겠는가. 그 사람들이 우리에게 하는 말을 듣고 또 방해하는 모습을 보면서 나는 문득 다윗을 떠올렸다. 다윗은 어디에서 무엇을 하든지 늘 하나님과 함께 했다. 그리고 블레셋과의 싸움에서 항상 승리하게 하셨다. 하나님께서 마음으로 사람을 보시기 때문이다. 인간의 말에 귀기울이지 않고 하나님만 의지하고 순종하는 것이 회사를 세우는 길이라는 것을 나는 알고 있다.

그 사람들이 우리에게 하는 말을 듣고 또 방해하는 모습을 보면서 나는 문득 다윗을 떠올렸다. 다윗은 어디에서 무엇을 하든지 늘 하나님께서 함께 하셨다. 그리고 블레셋과의 싸움에서 항상 승리하게 하셨다.

결국
제품 없이
오픈식을 열다

여호와께서 여호수아에게 이르시되 내가 오늘부터 시작하여 너를 온 이스라엘의 목전에서 크게 하여 내가 모세와 함께 있었던 것 같이 너와 함께 있는 것을 그들이 알게 하리라 너는 언약궤를 멘 제사장들에게 명령하여 이르기를 너희가 요단 물가에 이르거든 요단에 들어서라 하라 여호수아가 이스라엘 자손에게 이르되 이리 와서 너희의 하나님 여호와의 말씀을 들으라 하고… (중략)

보라 온 땅의 주의 언약궤가 너희 앞에서 요단을 건너

가나니 이제 이스라엘 지파 중에서 각 지파에 한 사람씩 열두 명을 택하라 온 땅의 주 여호와의 궤를 멘 제사장들의 발바닥이 요단 물을 밟고 멈추면 요단 물 곧 위에서부터 흘러내리던 물이 끊어지고 한 곳에 쌓여 서리라 백성이 요단을 건너려고 자기들의 장막을 떠날 때에 제사장들은 언약궤를 메고 백성 앞에서 나아가니라… (생략) 여호와의 언약궤 멘 제사장들은 요단 가운데 마른 땅에 굳게 섰고 그 모든 백성이 요단을 건너기를 마칠 때까지 모든 이스라엘은 그 마른 땅으로 건너갔더라 (수 3:7~17)

하나님과 함께하는 여호수아는 점차 강하고 담대해졌다. 그러나 요단강을 건너면 곧장 가나안 정복전쟁을 치러야 했다. 군사훈련조차 제대로 해본 적이 없는 이스라엘 백성들과 함께 당시 최고 철기문명을 가진 가나안 족속들, 특히 2m가 넘는 아낙자손들의 땅으로 들어가 피 터지는 전쟁을 벌여야 하는 상황이었다. 하지만 여호수아는 두렵지 않았고 반드시 승리할 것이라고 확신하고 있었다. 모세 곁에서 항상 살아계신 여호와 하나님의 역사하심을 체험했던 그는 강하고 담대해질 수밖에 없었다.

또한 하나님은 요단강의 기적을 통하여 여호수아의 영적 권위와 지도력을 높이 세워주셨고 가나안 정복전쟁의 승리를 믿고 바라보게 하셨다. 요단강 사건은 가나안 일곱 족속들을 모두 쫓아내 주시겠다는 하나님의 약속이 거짓이 아님을 여호수아와 이스라엘 백성들에게 다시 한번 확인시켜주신 것이었다. 언약궤를 짊어진 제사장들에게도 담대한 믿음이 필요했다.

이들은 언약궤를 짊어진 채 요단강에 들어가야 했다. 어쩌면 첫발이 물에 잠겼을 때 두려운 마음이 생겼을 수도 있다. 하지만 그들은 하나님을 믿는 믿음으로 담대하게 다른 발도 움직였다. 하나님께서는 그들의 믿음을 보시고 기적을 행하셨다. 제사장들의 발이 물가에 잠기는 그 극적인 순간에 하나님은 요단강의 물을 가르셨다. 하나님께서는 항상 하나님의 때에 하나님만의 방식으로 일하신다.

우리 회사는 2018년 3월 10일에 오픈식을 했다. 우리 회사의 사훈은 섬김, 봉사, 헌신, 나눔이다. 제품이 출시되지 않았지만 여호수아처럼 하나님만 믿고 바라보며 오픈식을 진행했다. 우리는 음식물처리기의 카탈로그를 만들고 선물로 줄 머그컵을 준비했다. 또 계약서와 사무실에 필요한 컴퓨터, 사무집기 등을 마련했다. 하나님의 인도하심으로 오픈식에는 무척 많은 사람이 참석했다.

그런데 한 목사님이 '오픈식'을 위한 현수막을 준비해오기로 했는데 '창립 예배' 현수막을 가지고 왔다. 너무 어이가 없었지만 우리는 그 현수막을 내걸고 다 함께 예배를 드렸다. 그때 오신 목사님들이 모두 25명이나 되었다. 신기한 것은 그때 목사님들이 우리 오픈식에 오실 때 다들 기도하고 왔다는 것이다. 미리 하나님께 기도를 해보고 기도 응답을 받고 왔다고들 했다. 어떤 목사님은 한 기도원 원장님에게 기도를 부탁하면서 이렇게 물었다고 한다.

"저, 원장님. 미랜코리아라는 회사에서 오늘 오픈식을 한다고 하는데요. 거기에 꼭 가야 할까요?"

그 기도원 원장님은 잠시 기도를 한 후에 이렇게

대답했다.

“네에, 목사님. 가시는 게 좋겠습니다. 가서 마음껏 축하해주고 오셔요. 이 회사는 꼭 대박이 날 회사입니다.”

하지만 목사님들은 우리 사업에 끝까지 참여하지 못하고 중간에 다 그만두고 말았다. 목사님들은 세상에 나가서 이런 기업이 세워졌고 이런 사업을 하고 있다고 당당하게 말을 하지 못한 것이다. 아쉽지만 어쩔 수 없는 사실이다. **창립예배는 감사하게도 집사님에 다니셨던 교회의 담임 목사님이 예배를 인도하셨다. 황형택 목사님께 감사드린다.**

그때 예배를 드릴 때 한 목사님이 이렇게 말씀하셨다.

“이 회사는 하나님에 대한 확실한 믿음과 기도로 세운 기업이군요. 성직자들이 할 일을 이 미랜코리아 대표님이 하고 있으니, 참…”

목사님은 더 이상 말씀이 없으셨다. 감격스러움도 있으셨겠지만 성직자들에 대한 안타까운 마음이 앞서서 말을 잇지 못하신 듯했다.

'1만 교회(개척 교회) 서원 기도'를 약속하다

만군의 여호와가 이르노라 너희의 온전한 십일조를 창고에 들여 나의 집에 양식이 있게 하고 그것으로 나를 시험하여 내가 하늘 문을 열고 너희에게 복을 쌓을 곳이 없도록 붓지 아니하나 보라 (말 3:10)

나는 하나님만을 바라보고 사업을 시작했다. 힘들게 법인 회사를 세우고 사무실을 리모델링했다. 세미나를 열어 총판 모집도 하고 오픈식까지 열었는데 현실은 내가 마음먹은 대로 전개되지 않았다. 모든 것이 빨리 어루어지길 바라는 나의 마음도 문제였다. 나는 약간 실의에 빠졌다. 그러자 나의 이런 모습을 보고 어느 날 집사님이 입을 열었다.

"대표님! 저 음식물처리기를 1만 교회에 후원하시면 어떨까요?"

"예에? 1만 교회에요?"

"네, 대표님! 하나님께서는 절대 공짜가 없으신 분이십니다. 이 땅에서도 농사를 지으려면 먼저 땅을 갈고 씨를 뿌리잖아요?"

"예, 그렇지요. 당연히 씨를 뿌려야 열매를 맺지요."

"맞습니다. 우리가 꼭 하나님께 받으려고 심는 것은 아니지만 그 은혜에 감사해서라도 많이 심어야 많이 거둘 수가 있습니다. 하나님의 영적인 법칙도 이 땅의 모습과 하나도 다르지 않고 똑같습니다."

"아, 그럼요. 그렇게 하십시다."

나는 기쁜 마음으로 우리 회사의 음식물처리기를

1만 교회에 후원하는 것에 동의했다. 감사함으로 어려운 개척 교회에 후원을 하기로 서원한 것이다. 그래서 일까. 그때부터 우리 회사는 더욱 승승장구하게 되었다. 마침내 이렇게 우리 회사는 '믿음의 기업, 나눔의 기업' 선포식이 시작되었다.

'1만 교회'는 숫자의 의미다. 앞으로 더 많은 교회에 후원하고 사역에 동참할 것이다. 사역에 필요한 더 좋은 후원 방법이 있다면 알려주었으면 한다.

만군의 여호와가 이르노라 너희의 온전한 십일조를 창고에 들여 나의 집에 양식이 있게 하고 그것으로 나를 시험하여 내가 하늘 문을 열고 너희에게 복을 쌓을 곳이 없도록 붓지 아니하나 보라 (말 3:10)

세 번 째 장 *chapter 3*

환경, 건강, 미래 세대를 생각하는 기업

기도로 기업을 만들다

그 후에 내가 내 신을 만민에게 부어 주리니 너희 자녀들이 장래 일을 말할 것이며 너희 늙은이는 꿈을 꾸며 너희 젊은이는 이상을 볼 것이며 그 때에 내가 또 내 신으로 남종과 여종에게 부어 줄 것이며 (욜 2:28~29)

믿음의 기업,
나눔의 기업
선포

센터가 해체되기 전의 일이다. 당시 우리 센터에 믿음이 아주 신실한 권사님 한 분이 오셨다. 그때 그분에게 내 기도를 부탁했다. 그분은 나를 앞에 앉혀 놓고 방언기도를 했다. 그때 나는 방언기도가 뭔지도 몰랐기 때문에 방언 소리를 들으면 조금 이상하다고만 생각했다. 그분은 나를 향해 곧장 방언기도를 하고 통변을 했다.

"사랑하는 아들아, 사랑하는 아들아! 너는 세상을

방황하고 살았구나. 하지만 나는 항상 너와 함께 하였다. 세상 것이 그리 좋더냐, 세상 것이 그렇게 좋더냐. 세상은 안개와 같은 것이니라."

나는 집사님이 하는 방언 통변 기도를 듣고 나서 일단 마음이 감동되었다. 그러면서도 한편으로 슬그머니 이런 생각을 할 수밖에 없었다.

'이 사람이 혹시라도 나를 꼬드기는 건가?'

하지만 나는 영적인 세계를 알고 있었다. 귀신이 있다는 것도 체험을 통해 이미 알고 있었다. 무당이 점을 치거나 굿을 할 때에 귀신이 찾아오면 아주 작았던 촛불이 커지는 것을 눈으로 직접 보았다. 그리고 무당이 굿을 할 때는 작두를 타는데 만약, 접신하지 않은 상태에서 작두를 탄다면 다치고 만다.

나중에 나는 성령님에 대해 자세하게 알게 되었고 그때 그 권사님의 입을 통해 성령님이 말씀하셨다는 사실도 깨닫게 되었다. 성령님께서는 두 번째로 이 말씀을 하셨는데, 나는 지금도 이 말씀을 잊지 않고 마음속에 깊이 담아서 새겨두고 있다.

"내가 너를 통해서 반드시 이 기업을 반석 위에 세울 것이고, 이 기업은 대기업이 될 것이며 열방으로 뻗어 나가게 될 것이다."

나를 기도해주신 집사님 남편은 장로이신데, 그분한테는 아무리 손을 얹고 기도를 해도 이런 축복기도가 단 한 번도 나오지 않았다는 것이다.

하나님의 음성이었지만, 나는 사업을 시작한 후에 당장 해결해야만 하는 눈앞의 모든 일을 감당하기 힘들었다. 이따금 앞이 막막하다는 생각이 들 때 였다. 옆에서 나의 이런 모습을 본 집사님이 조용기 목사님이 쓴 책을 건네주며 읽어보라고 했다. 나는 그 책을 읽고 무척 감동을 받았다.

조용기 목사님이 전도사 때(1967년)의 일이다. 어느 날 기도를 하는데 불현듯 성령님께서 말씀하셨다.

"내가 너를 통해서 반드시 한강 백사장에 교회를 세울 것이다. 큰 교회를 세울 것이다."

당시에 성령님은 조용기 목사님에게 500만 달러, 당시 금액으로 20억이면 정말 큰 금액인데 그렇게 큰 교회를 세운다고 말씀하셨다고 한다. 그때 조용기 목사님은 자기도 모르게 이런 말을 내뱉고 말았다.

"성령님, 말도 안 되는 소리 하지 마십시오."

그 후, 하나님의 은혜로 조용기 목사님은 100만 교회를 세웠다. 하나님께서 '내가 반드시 교회를 세울 것이다.'라고 약속하신 대로 그 말씀을 이루신 것이다.

당시에 두 부목사님이 개척교회를 개척해서 사역을 한다고 나갔다. 그런데 목회를 실패하고 말았다. 두 부목사님은 조 목사님을 찾아와서 물었다.

"목사님, 목사님은 이렇게 목회를 성공하셨는데 왜 저희는 이렇게 실패를 한 겁니까?"

그러자 조 목사님은 이렇게 대답하셨다.

"두 분 목사님께서는 두 분의 믿음대로 나가서 교회를 개척하셨지만, 저는 하나님의 약속을 받았고 하나님께서 친히 이루어주신 것입니다. 제가 저의 생각대로 나가서 개척을 했더라면 이렇게 큰 교회를 세울 수 없었을 것입니다."

나는 이 부분을 읽으며 우리 (주)미랜코리아를 생각해보았다. 이 기업은 내가 세운 기업이 아니다. 하나님께서 나를 지명하여 부르셨고 반석 위에 세우시겠다고 약속하신 기업이다. 인간이 세운 기업이 아니고 하나님의 약속을 받았고 하나님께서 직접 세우시고 하나님의 인도함을 받는 기업인 것이다. **나는 그때나 지금이나 동일하게 역사하시는 하나님께서 나와, 우리 미랜코리아에 반드시 역사하시리라고 믿어 의심치 않는다.**

그 후에 내가 내 신을 만민에게 부어 주리니 너희 자녀들이 장래 일을 말할 것이며 너희 늙은이는 꿈을 꾸며 너희 젊은이는 이상을 볼 것이며 그 때에 내가 또 내 신으로 남종과 여종에게 부어 줄 것이며 (욜 2:28~29)

담보 없이 2억 대출을 받다

하나님은 전략과 전술에 능하신 분이다. 5월 21일의 일이다. 막상 사업을 시작하긴 했는데 우리는 돈이 하나도 없었다. 담보로 잡힐만한 물건도 없었던 것이다. 낙심하던 차에 다시 작정기도를 하기 시작했다. 원래 3층의 사무실에서 센터를 하고 있었는데 월세를 못 내서 5층으로 쫓겨난 상태였다. 그런데 나의 친동생이 전라도 광양에 있는 새마을금고를 소개 해주었다. 그 먼 거리를 가고 싶지 않았지만 기도의 응답을 믿고 용기를 내었다.

나는 집사님과 함께 전라도에 있는 광양으로 갔다. 우리는 광양에 도착하자마자 앞으로 어떻게 할 것인가에 대해 의논을 했지만, 무조건 하나님만 바라보기로 했다. 일단 사무실에 들어가면 집사님이 방언기도를 하고 통변까지 하기로 했다. 우리는 함께 새마을금고 사무실 출입문을 열고 들어갔다. 사무실에 들어가서 새마을금고 이사장님과 곧장 인사를 했다.

"안녕하세요? 이사장님, 하나님께서 보내셔서 왔습니다."

어정쩡하게 서 있던 이사장님은 얼떨떨한 표정으로 우리를 맞았다.

"예에?"

이 말이 끝나기도 전에 집사님은 의자에 앉아 방언기도를 하고 즉시 통변을 했다.

"너는 반드시 이 대표를 도와야 한다. 지금은 네가 이 대표를 돕지만, 네가 도운 이 대표가 언젠가는 반드시 너를 도와 줄 날이 온다."

이사장님은 멍한 얼굴로 우리를 쳐다보았다. 그리고는 우리 미랜코리아의 마케팅은 참으로 시대를 앞선 마케팅이라고 칭찬하셨다. 그러한 과정을 거치면서 우리는 하나님의 능력으로 2억 원이라는 돈을 대출받을 수 있었다. 나중에 알고 보니 이사장님의 사모님이 기도를 아주 많이 하는 분이었다. 이 기업은 나의 기업이 아니고 철저하게 하나님의 기업이라는 사실을 다시 한번 깨닫게 하셨다. 하나님께서는 눈동자처럼 우리를 지키시고 바라보고 계신다. 그래서 신음에 응답하시며 도울 자를 붙이시고 축복할 자를 찾으시는 것이다. 김재숙 이사장님께 감사드린다.

하나님께서는 항상 우리를 지켜주시며 바라보고 계신다. 그래서 신음에 응답하시며 도울 자를 붙이시고 축복할 자를 찾으시는 것이다.

강의에서 비전을 보는 사람들

예수께서 산에 오르사 제자들과 함께 거기 앉으시니 마침 유대인의 명절인 유월절이 가까운지라 예수께서 눈을 들어 큰 무리가 자기에게로 오는 것을 보시고 빌립에게 이르시되 우리가 어디서 떡을 사서 이 사람들을 먹이겠느냐 하시니 이렇게 말씀하심은 친히 어떻게 하실지를 아시고 빌립을 시험하고자 하심이라 빌립이 대답하되 각 사람으로 조금씩 받게 할지라도 이백 데나리온의 떡이 부족하리이다 제자 중 하나 곧 시몬 베드로의 형제 안드레가 예수께 여짜오되 여기 한 아이가 있어 보리떡 다섯 개와 물고기 두 마리를 가지고 있나이다 그러나 그것이 이 많은 사람에게 얼마나 되겠사옵나이까 예수께서 이르시되 이 사람들로 앉게 하라 하시니 그 곳에 잔디가 많은지라 사람들이 앉으니 수가 오천 명쯤 되더라 예수께서 떡을 가져 축사하신 후에 앉아 있는 자들에게 나눠 주시고 물고기도 그렇게 그들의 원대로 주시니라 그들이 배부른 후에 예수께서 제자들에게 이르시되 남은 조각을 거두고 버리는 것이 없게 하라 하시므로 이에 거두니 보리떡 다섯 개로 먹고 남은 조각이 열두 바구니에 찼더라 (요 6:3~13)

예수님께서는 떡과 물고기를 들고 감사기도를 올린 후에 앉아있는 사람들에게 나누어 주셨다. 예수님께서 손에 들고 나누어 주신 떡과 물고기는 줄어들지 않았다. 아이는 그 모습을 보고 무척 놀라고 기뻐했을 것이다. 그날 떡과 고기를 함께 먹은 사람들도 마찬가지로 그 기적을 보고 깜짝 놀랐을 것이다. 이것은 한 아이가 보리떡 다섯 개와 물고기 두 마리를 꺼내놓지 않았다면 불가능한 일이다. 그렇지만 한 아이가 자신이 먹기에도 부족한 보리떡 다섯 개와 물고기 두 마리를 기꺼이 포기하고 내놓았기 때문에 5,000명이 먹을 수 있는 양식이 될 수 있었다. 앞으로 우리 ㈜미랜코리아에도 이런 기적이 많이 일어날 것이다.

얼마 전 한 일간지에 '음식물 쓰레기 대란'에 대한 기사가 올라왔다. 농촌진흥청이 아무 대책 없이 음식물 쓰레기 재활용에 제동을 걸었고, 주무부처인 환경부가 뒤늦게 실태 파악에 들어갔다는 것이다. 음식물쓰레기 처리시설 관계자는 음식물 쓰레기를 자원화한 건조분말을 더 이상 놔둘 곳이 없으며 지금 속도로 계속 쌓이게 되면 음식물 쓰레기 수거를 중단해야 한다고 했다. 또 정부가 해결책을 내놓지 않으면 조만간 수도권과 광역지방자치단체를 중심으로 음식물 쓰레기 대란 사태가 벌어질 것이라고 했다. 기사에 나온 구에는 2,000t을 웃도는 건조분말 포대가 창고, 공터, 주차장에 가득 쌓여 있었다고 한다.

그동안 음식물 쓰레기는 여러 방식으로 처리되었다. 수분을 흡수하면 습식사료로 만들어 가축의 먹이로 주는 것과 수분을 짜내 '탈수 케이크' 덩어리를 만들어서 '가축분퇴비' 생산업체에 제공하는 것 등이다. 그런데 이런 과정이 매우 복잡해서 많은 양을 소화하지 못하는 단점이 있다. 또한 관련업체 간의 이해 문제로 지자체마다 음식물 쓰레기 수거를 중단할 상황에 놓인 것이다. 국내 음식물 쓰레기 사회적 간접 처리비용은 연간 약 30조 원 정도의 예산이 지출된다. 국방비 예산 40조 원과 견줄 만큼 음식물 쓰레기 처리비용으로 큰 액수가 소요되고 있는 실정이다.

앞으로 전 세계 지구촌에서 환경오염 문제로 대란이 올 것이다. **특히 음식물 처리 문제는 전 세계 사람들의 골칫거리가 되었다. 그동안 음식물처리기는 높은 가격과 고객들의 기대에 못 미치는 성능 때문에 사용을 망설이는 분들이 많았다.** 하지만 우리 회사는 그 문제를 해결하기 위해 획기적 친환경 가전제품인 음식물처리기를 출시하게 되었다.

미래 환경사업을 선도하는 우리 미랜코리아는 깨끗하고 냄새 없는 주방환경을 만들고, 음식물 쓰레기 감량을 위해 지금도 계속해서 도전적인 노력을 하고 있다.

렌탈 접수처를 통한 다양한 제품을 런칭 및 제조해 전국 5,000개 매장 및 100개 지사 구축을 목표로 두고 있다. 또 음식물처리기에서 나온 퇴출물을 일반가정이나 사업목적으로 활용할 수 있도록 실질적인 방안도 제시할 것이다.

우리 미랜코리아의 강연을 통해 지금도 많은 사람들이 비전을 바라보고 있다. 우리 기업은 '나눔 캐쉬백' 도입을 통해 초창기에 오신 8000여 명의 사업자들에게 렌탈 수입의 10~15%를 지급하고 있다. '평생 연금 및 평생 월급'으로, 그야말로 예수님께서 앉아 있는 자들에게 떡과 물고기를 그들의 원대로 나눠주셨고 그들이 배부른 것처럼 우리 회사 고객들도 그렇게 기적을 맛보게 될 것이다. 하나님께서는 이 연금을 영원히 마르지 않는 샘물이라고 하셨다. 많은 사업자들이 열광할 것으로 믿는다.

그동안 어떤 회사가 렌탈료를 렌탈 고객에게 일부 금액으로 적립해준 적이 있었는가. 우리 ㈜미랜코리아는 렌탈 고객과의 교류를 통해 전국 인적 네트워크 구성을 추구할 것이다. 그래서 **소외된 이들에게 꿈과 희망을 심어주고 오병이어의 기적을 이루는 믿음의 기업이 될 것이다. 이는 우리 회사가 지향하는 목표이며 또한 하나님께서 기뻐하시는 일이기도 하다.**

'평생 연금 및 평생 월급'으로, 그야말로 예수님께서 앉아 있는 자들에게 떡과 물고기를 그들의 원대로 나눠 주셨고 그들이 배부른 것처럼 우리 회사 고객들도 그렇게 기적을 맛보게 될 것이다.

사전 예약, 렌탈 접수처 3천 대

어느 날 나는 이순권 제조회사 회장님께 전화를 했다.

"회장님! 신제품이 언제쯤 나올까요?"

이순권 회장님은 나에게 자신 있는 목소리로 대답했다.

"아마도 완성된 제품이 6월이면 나올 겁니다."

나는 그 소식을 듣자마자 회사 직원들에게 알렸다. 직원들도 그 소식을 듣자마자 사전예약을 받으려고 뛰어다니느라 바빠졌다. 나는 예전부터 일했던 분야라 잘 알고 있다. 사실 음식물처리기는 히트 상품보다는 스테디 상품이다. 하지만 우리 회사 제품은 단시일에 3,000대가 예약되었다. 그런데 안타깝게도 철썩 같이 약속했던 6월이 되어도 제품이 출시되지 않았다. 우리는 7월에 제품이 나온다는 소식을 듣고 또 기다렸다.

하지만 제품이 또 나오지 않고 한동안 감감무소식이었다. 마음이 다급해진 나는 어떻게 해야 할지를 몰라서 조바심이 났다. 그래서 이렇게 해서는 안 되겠다고 생각했다. 나는 당장 비행기를 타고 중국으로 쫓아갔다. 현장에 가보니 나름대로 사정이 있었다. 돈이 없어서 작업을 시작하지 못했고 나중에 대금이 입금되고 나서야 시작했던 것이다.

"아니, 회장님 이게 어떻게 된 일입니까?"

"예, 정말… 죄송합니다. 다음 달에는 반드시 나오도록 하겠습니다."

하지만 8월에 나온다는 제품이 또 나오지 않았다. 그러자 제품이 나오기만을 학수고대하며 목을 빼고 기다리고 있던 사람들이 하나둘 지쳐서 나가 떨어졌다. 마침내 예약 취소가 되기 시작한 것이다. 음식물처리기 3,000대가 순식간에 예약되었는데 이중에서 1,500대가 취소되었다. 나는 한순간에 사기꾼이 되고 만 것이다.

"아니, 회장님! 지금 우리한테 장난하는 겁니까? 도대체 이번이 몇 번째입니까. 앞으로 계속 사업을 할 생각이 있긴 한 건가요?"

사기꾼으로 몰린 나는 무척 당황했다. 나는 다시 제조회사로부터 이런 답변을 들었다.

"정말 죄송합니다. 대표님! 10월에는 꼭 제품이 나오도록 하겠습니다."

드디어 10월에 말도 많고 탈도 많았던 음식물처리기가 출품되었다. 하지만 또 제품에 작은 하자가 발견되었다. 그 하자를 보완해주는데 다시 시간이 흘러갔다.

한편 중국 공장에서는 몰려든 주문으로 인해 제품을 많이 만들어야 했는데 장소와 인력이 턱없이 부족했다. 그래서 공장을 증설하고 직원을 100명이나 뽑아야 했다. 다행히 총판 모집으로 인해 회사에 자금이 들어왔고 이 돈으로 기본적인 시스템을 맞출 수 있게 되었다.

회사를 시작했을 때 항상 마음이 다급했던 나는 하나님께 이렇게 기도하곤 했다.

"성경 말씀에서 하나님은 '금도 내 것이요, 은도 내 것이요'라고 하셨지 않습니까. 그런데 하나님! 속 터지게 왜 돈을 빨리 안 주시는 겁니까?"

내가 이렇게 부르짖으며 기도하면 하나님께서는 이렇게 말씀하시곤 하셨다.

"아들아! 너는 네 아들이 지금 10억 달라고 하면 주겠느냐? 나는 네가 쓸 만큼, 필요한 만큼 준 것이다. 너는 아직 영적으로 어린 내 아들이다. 네가 더 성숙하면 그때는 더 줄 것이다. 내가 너에게 안 준 것이 뭐가 있더냐. 네가 월급을 한번 못 줘본 적이 있었느냐. 결제를 한번 못 해본 적이 있었느냐."

나는 하나님 앞에서 할 말이 없었다. 세상 사람 눈에는 나는 나이가 들었지만 하나님의 눈으로 보셨을 때는 영적으로 한없이 어린 아들이었던 것이다. **이때 도 하나님께서는 우리 회사와 함께 하신다는 증거를 이 모양 저 모양으로 보여주시고 깨닫게 하셨다.**

제조회사에 입금해줄 돈이 무엇보다도 급했던 때였다. 금형비 3억 원을 만드는 게 중요했는데 마음만 급했던 상황이었다. 하지만 감사하게도 총판을 통해서 그 문제를 해결할 수 있었다. 사업자들이 카드론까지 내주면서 투자를 했고 그들을 통해서 3억 원을 모집하게 되었다. 다행히 금형에 필요한 금액 중 일부를 입금하자 3월부터 제조를 시작할 수 있게 되었다.

제조회사 일도 마찬가지다. 여호와 이레의 하나님께서는 모든 것을 다 예비하시고 함께해 주셨다. 제조회사의 회장님은 나에게 1월부터 작업을 시작한다고 말했지만 시작하지도 못하고 있었다. 그런데 막상 우리 회사에서 돈이 입금되어 부랴부랴 작업을 시작하려고 보니 그들도 암담했다. 왜냐하면 제조 작업을 시작하려면 라인이 필요한데 그 라인 하나를 만

들려면 30억 원이라는 돈이 필요했기 때문이다. 우리는 급한 마음에 또다시 기도를 하기 시작했다. 그러자 어느 날 하나님께서 말씀하셨다.

"아들아! 중국에 공장이 준비되어 있다."

하나님의 응답을 듣고 우리는 안심했다. 그리고 얼마 후에 제조회사 회장님한테 중국에서 전화가 왔다고 한다.

"사장님! 라인이 준비되어 있습니다."

그 분이 중국에 가보니 정말 회사에 라인이 준비되어 있었다. 지금까지 함께 하신 여호와 이레의 하나님을 찬양하고 경배한다.

제조공장 이순권 회장님도 불신자였지만 지금은 전도되어서 함께 교회를 다니고 있다. 이순권 회장님께 감사드린다.

음식물 쓰레기를 한 줌 흙으로

태초에 하나님이 천지를 창조하시니라
땅이 혼돈하고 공허하며 흑암이 깊음 위에 있고 하나님의 영은 수면 위에 운행하시니라
하나님이 이르시되 빛이 있으라 하시니 빛이 있었고
빛이 하나님이 보시기에 좋았더라 하나님이 빛과 어둠을 나누사
하나님이 빛을 낮이라 부르시고 어둠을 밤이라 부르시니라

저녁이 되고 아침이 되니 이는 첫째 날이니라

하나님이 이르시되 땅은 풀과 씨 맺는 채소와 각기 종류대로 씨 가진 열매 맺는 나무를 내라 하시니 그대로 되어 땅이 풀과 각기 종류대로 씨 맺는 채소와 각기 종류대로 씨 가진 열매 맺는 나무를 내니 하나님이 보시기에 좋았더라

저녁이 되고 아침이 되니 이는 셋째 날이니라. (창 1:1~5, 11~13)

언젠가 '자연을 가다'라는 방송을 본 적이 있다. 자연 속에서 사는 사람은 자신의 생활에 만족하며 살아가고 있었다. 또 그들이 숲속으로 들어가기 전에 지닌 육체의 질병과 마음의 병도 모두 치료받고 있었다. 하나님은 창조하신 모든 것을 우리에게 내어주셨다. 사람들을 위해 아름답고 생명력 넘치는 자연을 만드셨고, 지금도 일하고 계신다. 하지만 **'하나님이 보시기에 좋았더라'던 그 모든 것은 어떻게 되었는가. 우리 지구는 지금 미세먼지나 환경오염, 지구 온난화 등으로 몸살을 앓고 있다.**

우리나라는 2013년부터 전국적으로 음식물 쓰레기 종량제를 시행하고 있다. 하루에 1만6천 톤의 음식물 쓰레기가 배출되고 있다고 한다. 만약에 쌀 포대에 넣는다면 20kg 포대로 80만 개나 된다. 이처럼 엄청난 음식물 쓰레기가 버려지고 있는 것이다. 지금은 종량제 봉투가 사용되고 있지만 이 방법도 비닐 쓰레기를 많이 남발한다.

또 많은 사람이 음식물 쓰레기 종량제 봉투가 아닌 일반 봉지에 담아 버리는 무단투기를 자주 한다. 음식물 전용 쓰레기통에 납부필증 스티커를 붙여 배출하는 방법도 일반 가정에서 통을 씻기 힘들어 비닐에 넣어 버리는 경우가 잦다. 음식물쓰레기는 악취나 미관뿐만 아니라 우리 건강에 치명적인 결과를 일으킬 수 있다.

'푸름라이프' 생명공학연구소의 정인범 박사팀은 '음식물 쓰레기 처리방식에 따른 세균오염'을 주제로 한 실험에서 '여름철 쓰레기를 상온에 방치할 경우 살모넬라균, 이질균, 대장균, 아플라톡신균 등 인체에 유해한 세균이 급속도로 번식하고 섭취 및 호흡 등의 경로를 통해 신체 내에 침투하여 암뿐만 아니라 식중독, 천식 등의 질병을 유발할 수 있다고 했다.

이처럼 음식물 쓰레기를 상온에 방치할 경우 발생되는 세균들은 시간이 지나면 지날수록 기하급수적으로 증가한다. 이 때문에 세균에 노출되는 성인 남녀뿐만 아니라 어린 아이들에게는 더더욱 치명적인 발병원인이 될 수 있다. 특히, 세균 안에 있는 '아플라톡신균'은 세계보건기구인 WHO가 발표한 '제1군 발암원'으로 분류한 것이다.

이는 미생물 독성대사 물질로서 곰팡이류가 만들어 내는 진균독(mycotoxin)의 한 종류이다. 여러 진균독 중에 독성이 매우 강하고 발암성, 돌연변이성이 있다. 또 사람이나 동물에게 급성 또는 만성 장애를 일으킬 수 있는 치명적인 세균이다. 간독성을 일으키고 간암의 주요 원인인데 우리가 의식하지 못하는 사이에 주위에서 이렇게 만들어지는 것이다.

우리 미랜코리아 음식물처리기의 큰 장점은 음식

물 쓰레기를 한줌의 흙으로 바꿔 다시 자연으로 되돌려 보내다는 점이다. 바로 친환경 제품인 것이다. 무지가 죄악일 것이다. 우리 국민들이 음식물쓰레기 속에서 1급 발암물질이 내 가정에서 발생한다는 것을 아는 이가 몇이나 되겠는가. 우리는 국민 건강과 직결된 음식물쓰레기 문제를 사명감으로 홍보하고 있다.

기존의 음식물처리기가 분쇄·건조방식으로 음식물의 부피를 감소시키는 방식이라면 우리 미랜코리아의 '음식물 소멸기'는 인체에 무해한 미생물을 이용해 음식물 쓰레기를 없애준다. 특히 '미생물 배양법'은 안전하고 효과적인 80여 종의 친환경적인 미생물들이 24시간 내에 음식물의 90% 이상을 소멸시키면서 침출수는 제로로 만들어버린다. 미생물 발효방식을 통해 배출된 찌꺼기는 토양과 혼합하면 영양가 높은 퇴비로도 사용이 가능하다. 이렇듯 자연스럽게 자연 순환 원리가 적용되는 것이다.

또한 분쇄방식과 건조방식의 가장 큰 단점이었던 냄새와 소음을 크게 줄인 제품으로 친환경적인 탈취

장치를 장착해 악취와 유해가스 등을 완전히 제거한다. 여기에 교체비용이 추가적으로 발생하지 않도록 필터를 사용하지 않고, 미생물을 반영구적으로 사용할 수 있어서 유지비를 큰 폭으로 절감할 수 있는 장점이 있다.

하나님께서 주신 자연만물을 우리는 잘 관리해야 할 사명이 있다. 성경 창세기 3장에 '… 너는 흙이니 흙으로 돌아갈 것이니라 하시니라'라는 말씀이 있다. **우리는 하나님 말씀대로 누구나 흙으로 돌아갈 수밖에 없다. 그것이 하나님의 섭리이다. 우리 회사의 음식물처리기가 음식물 쓰레기를 한 줌의 흙으로 만드는 것을 보고 있으면 정말 감개가 무량하다.** '하나님이 보시기에 좋았더라'는 말씀을 생각하며 우리는 날마다 기도한다.

음식물처리기의 전국민 80% 보급을 목표로 뛰고 있다. 정수기, 공기청정기처럼 보급되는 그날까지….

우리 회사의 음식물처리기가 음식물 쓰레기를 한 줌의 흙으로 만드는 것을 보고 있으면 정말 감개가 무량하다. '하나님이 보시기에 좋았더라'는 말씀을 생각하며 우리는 날마다 기도한다.

누군가의 희망이 되는 기업 노아의 방주

여호와께서 사람의 죄악이 세상에 가득함과 그의 마음으로 생각하는 모든 계획이 항상 악할 뿐임을 보시고 땅 위에 사람 지으셨음을 한탄하사 마음에 근심하시고 이르시되 내가 창조한 사람을 내가 지면에서 쓸어버리되 사람으로부터 가축과 기는 것과 공중의 새까지 그리하리니 이는 내가 그것들을 지었음을 한탄함이니라 하시니라

하나님이 노아에게 이르시되 모든 혈육 있는 자의 포악함이 땅에 가득 하므로 그 끝 날이 내 앞에 이르렀으

니 내가 그들을 땅과 함께 멸하리라 너는 고페르 나무로 너를 위하여 방주를 만들고 그 안에 칸들을 막고 역청을 그 안팎에 칠하라 (창 6:5~7, 13~14)

창세기 6장에 나오는 노아는 여호와 하나님께 은혜를 입었다. 하지만 노아 시대의 사람들은 하나님의 은혜를 배반하고 하나님 말씀에는 관심조차 없었다. 그들은 자신의 생각대로 살았고, 하나님을 사랑하는 것보다 쾌락을 더 사랑했다. 마치 소돔 땅에서 롯의 사위들이 롯의 말을 농담으로 들었듯이 노아의 말을 곧이곧대로 믿지 않았다. 노아는 하나님이 세상을 홍수로 심판하실거라 말했다. 그리고 방주를 만들었다. 하지만 세상 사람들은 그가 하는 일을 비웃었다.

노아는 하나님이 시키신 대로 다 준행했고 마지막으로 식구들을 배 안에 태웠다. 노아와 그의 아내, 세 아들, 세 며느리 등 모두 여덟 식구였다. 노아가 하나님 말씀대로 배의 문을 닫자 곧장 홍수가 시작되었다. 노아로부터 하나님의 심판 경고를 들었지만, 농담으로 여긴 자들은 결국 멸망을 당하고 말았다.

홍수 심판 후에 하나님을 믿고 사랑하는 노아의 여덟 식구는 의인으로서 번성하기 시작했다.

한때 많은 사람이 하나님께서 말씀하신대로 내가 대표이사가 될 거라 믿으며 함께 기도했다. 하지만 어느 순간부터 기도했던 많은 사람이 내 곁을 떠나갔다. 끝까지 하나님의 예언을 붙잡지 않았고 믿지도 않았다. 심지어 그냥 떠나기만 하는 것이 아니라 그 말씀을 번복하고 아니라며 강하게 부정하며 상처까지 주며 가버린 사람들도 있었다. 하지만 하나님께서는 우리가 함께 모여서 기도할 때 이런 약속의 말씀을 주셨다.

"아들아, 이 기업은 노아의 방주와 같은 기업이 될 것이다."

문득 노아와 방주를 떠올렸다. 노아는 하나님이 시키신 대로 다 준행하였고, 마지막으로 식구들을 배 안에 태웠다. **노아와 함께 구원 받은 사람은 모두 여덟 식구에 불과했다. 생각해보면 하나님께 선택을 받는 사람들은 어느 시대에나 그리 많지 않았다.**

구약 성경에 나오는 많은 사람 중에서도 구원을 받은 사람들은 몇 되지 않는다. 신약시대에도 마찬가지였다. 병이 들었거나 힘없고 마음이 가난한 사람들은 겸손한 마음으로 주님을 따랐고 표적도 믿어 구원을 받을 수가 있었다.

성경에 나오는 믿음의 조상인 아브라함과 야곱과 이삭. 그들은 어디를 가든지 짐을 풀자마자 그 곳에서 하나님께 재단을 쌓고 예배를 드렸다. 우리 회사는 기도실이 3층과 4층에 각각 있다. 아침과 저녁에 통성으로 부르짖으며 기도할 수 있는 행복한 기업이다. 그래서 모든 직원이 출근하면 기도실에 가서 하나님께 예배와 기도를 드리고 업무를 시작한다. 우리 회사는 노아의 방주와 같은 기업이라고 할 수 있다.

하나님께서는 우리 그리스도인이 세상에 빛을 발하기를 원하신다. 세상에 나가 빛과 소금이 되라고 하시는 하나님 말씀처럼 우리는 세상에 나가서 빛의 역할을 하여 절망과 어둠이 가득한 곳에 희망의 빛을 줄 수 있어야 한다. 또 소금처럼 방부제가 되어 부패하지 않도록 해야 한다. 그래서 **하나님께서는 우리 회사를 택하셔서 이러한 역할을 하길 원하신다. 그렇기 때문에 기도를 많이 하도록 이끄신 것 같다.**

또 하나님께서는 무엇보다도 많은 영혼을 천국으로 인도하시기 위해 이 회사를 세우셨다고 할 수 있다. 생명을 살리는 것이 이 회사의 설립 목적이기 때문이다. **이처럼 노아의 방주 같은 우리 회사의 사훈은 '섬김, 봉사, 헌신, 나눔'이다. 서로를 섬기고 사회에 봉사하고 헌신하며 나누는 것이야말로 예수님의 문화라고 할 수 있다.** 항상 하나님께 감사하는 마음으로 살며 마음을 비우고 욕심을 버리는 것도 중요하다. 예수님은 섬김을 받으러 오신 것이 아니라 도리어 섬기려고 오셨다. 성경 어디를 보든지 섬김을 받는 자가 칭찬을 받은 예는 결코 없다.

생명을 살리는 것이 이 회사의 설립 목적이다. 노아의 방주 같은 우리 회사의 사훈은 '섬김, 봉사, 헌신, 나눔'이다. 서로를 섬기고 사회에 봉사하고 헌신하며 나누는 것이야말로 예수님의 문화라고 할 수 있다.

매일 아침
기도로 시작하다,
기도실

헤어숍과 아카데미를 운영하고 있는 ㈜권홍의 대표이사인 권홍. 그가 중학교 1학년에 다닐 무렵, 어머니가 뇌졸중으로 쓰러졌다. 병원에 있는 기도실에 들어간 그는 태어나서 처음으로 무릎을 꿇고 하나님께 간절하게 기도했다.

"하나님 아버지, 제발 우리 엄마 좀 살려주세요. 그렇게만 해주시면 교회에 꼭 나갈게요. 일요일마다 꼭 교회에 나가고 착하게 살게요. 그러니 우리 엄마

만 살려주세요."라는 간절한 기도 때문인지 일어나지 못할 것 같았던 어머니는 조금씩 건강을 회복하고 아들 곁으로 돌아왔다. 하지만 가정형편은 최악이었다.

대학에 들어간다고 해도 구두닦이였던 아버지가 등록금을 댈 수는 없었다. 그러나 그는 낙담하지 않고 어깨너머로 미용기술을 배웠다. 20대 후반에 일본 도쿄미용전문학교와 영국 비달사순, 토니앤가이를 수료한 뒤 귀국해 취직했다. 그 후 서른을 훌쩍 넘긴 나이에 창업 현재 전국 대도시에 4개의 미용아카데미를 운영하고, 50여 곳의 헤어숍 체인점을 두었다. 교육자이자 사업가인 셈이다.

권 원장은 날마다 아침을 예배로 시작한다. 점심시간에도 예배를 드리고, 목요일에는 저녁예배까지 드린다. 선교와 봉사활동도 함께 한다. 그러다 보니 예배드리기 싫어서 퇴사한 직원들도 있었다. 하지만 교회를 다녀본 적 없는 아카데미 학생 중 많은 학생이 예배를 드리고 예수님을 믿는 경우가 많다.

세상은 여러 환경을 통해 계속해서 우리가 불안한 마음을 갖게 한다. 불안한 사람은 조급하게 되고 다른 이들보다 뒤처지지 않으려고 뛰다 보면 점점 힘들어지게 된다. 그러나 예배드리고 하나님이 우리와 하신 약속을 바라보면, 두려움이 사라지게 된다. 권홍 대표는 사업가지만 결코 돈을 좇아서 사업하지 않는다. 하나님의 사업을 하면 돈은 저절로 따라온다는 사실을 안다. 그래서인지 은행 잔고가 부족해도 불안해하지 않았다. 오히려 평안하다. 지금도 사업은 몇 배 성장했으나 주머니는 예나 지금이나 마찬가지다. 가진 돈이 많지 않다는 건 하나님께 무릎 꿇을 수 있는 조건이 되니 오히려 유익하다고 말한다.

(주)미랜코리아를 세우기 전에 나는 지하 교회에 다니며 작정기도를 하고 있었다. 새벽마다 교회에 가서 부르짖으며 기도를 했다. 그 교회에서 함께 기도하던 사람 중에 은사가 많은 목사님이 있었다. 어느 날 새벽에 그분이 기도를 해주셔서 나는 방언을 받게 되었다. 처음에 방언을 받았을 때 혀가 나도 모르

게 구부러지며 알아듣지도 못하는 말이 입에서 줄줄줄 흘러나왔다. 이상하기도 하고 신기하기도 했다. 하지만 성령님의 임재를 믿는 나는 곧 방언에 적응을 하게 되었다. 그리고 누구보다도 방언 기도를 열심히 하게 되었다.

나중에 교회가 아닌 기도원에서 기도할 때 였다. **내가 기도를 하면 하나님께서는 많은 환상을 보여주셨다. 나는 원래 꿈을 꾸지 않았다. 그래서인지 하나님께서는 나에게 특히 환상을 많이 보여주셨다.** 아주 기다란 손이 나의 손을 잡아주는 환상이었다. 나는 그 환상을 본 후에 내가 힘들어하며 기도를 하니 하나님께서 내 손을 꽉 잡고 계신다는 것을 보여주신 것이라고 생각했다.

우리는 날마다 모여서 부르짖으며 기도했는데, 그중에 집사님도 있었다. 어느 날 그 집사님이 여느 때처럼 기도를 하다가 갑자기 예언기도를 했다.

"대표님! 앞으로 우리 회사에도 선교센터가 생길 겁니다."

그 말을 듣고 기도하면서 마음속으로 생각했다.

'뜬금없이 우리가 교회를 세우는 것도 아닌데, 무슨 선교센터가 생긴다는 거지?'

하지만 나중에 알게 되었다. **우리 회사는 날마다 기도하는 기도실이 따로 있다. 직원들은 출근을 하면 다함께 이곳에 모여서 예배를 드린다. 우리는 이 기도실을 선교센터로 만들려고 준비하는 중이다.** 헌금도 매일 하고 있다. 이 헌금은 지극히 낮은 자, 힘들고 어려운 자들에게 나누어진다. 특히 장학금과 사업자들 교통비로 지급되고 있다.

미국의 링컨 대통령은 백악관을 기도실로 만들었다. 그리고 날마다 그곳에서 기도를 했다. 매우 중요한 일을 선택해야 할 때 아무도 만나지 않고 기도실에 들어가 오랫동안 기도했다. 참모들조차 들어오지 못하도록 하얀색 손수건을 매어 놓았다고 한다. 우리 회사도 무슨 일이든지 하나님께 기도를 미리 하고 결정한다. 우리 회사는 하나님께서 직접 인도하시는 하나님의 기업이기 때문이다.

우리 회사도 무슨 일이든지 하나님께 기도를 미리 하고 결정한다. 우리 회사는 하나님께서 직접 지휘하시는 하나님의 기업이기 때문이다.

천 원 식당을 열다,
한 달 이만 육천 원

내가 주릴 때에 너희가 먹을 것을 주었고 목마를 때에 마시게 하였고 나그네 되었을 때에 영접하였고 헐벗었을 때에 옷을 입혔고 병들었을 때에 돌보았고 옥에 갇혔을 때에 와서 보았느니라

이에 의인들이 대답하여 이르되 주여 우리가 어느 때에 주께서 주리신 것을 보고 음식을 대접하였으며 목마르신 것을 보고 마시게 하였나이까 어느 때에 나그네 되신 것을 보고 영접하였으며 헐벗으신 것을 보고 옷 입혔

나이까 어느 때에 병드신 것이나 옥에 갇히신 것을 보고 가서 뵈었나이까 하리니 임금이 대답하여 이르시되 내가 진실로 너희에게 이르노니 너희가 여기 내 형제 중에 지극히 작은 자 하나에게 한 것이 곧 내게 한 것이니라 하시고 (마 25:35~40)

'3대 가는 부자는 없다.'란 옛말이 있다. 이 말을 무색하게 만든 가문이 있다. 바로 경주 최부자 가문이다. 고운 최치원의 19세손 최국선으로부터 28세손인 한말의 최준에 이르는 10대까지 그 부를 유지했다. 오랜 시간 한 집안에 부를 유지한 것은 그 유례를 찾아보기 어렵다. 또 최부자 집안은 많은 자선 활동과 사회공헌으로도 칭송과 존경을 받았다.

최부자 집안은 대대로 몇 가지 행동지침이 있었다. 후손의 말에 의하면, 그들은 어린 시절부터 매일 아침에 일어나자마자 조부님 방으로 가야 했다. 거기에서 집안 가훈을 교육받았다고 한다. 그렇게 수십 년을 교육받고 나면, 저절로 가훈대로 살게 되었다는 것이다. 그중에는 '사방 백리 안에 굶어 죽는 사람이 없게 하라.'는 가훈이 있었다.

신해년(1671)에 큰 흉년이 들었을 때의 일이다. 최국선은 "주변 사람들이 굶어죽을 형편인데 나 혼자 재물을 지켜서 무엇 하겠느냐"며 곳간을 열어 이웃을 보살폈다. 그 이후, 최부자 집은 춘궁기나 보릿고개가 되면 한 달에 약 100석 정도의 쌀을 이웃에 나누어 주었다. 흉년이 아주 심할 때에는 약 800석이 들어가는 큰 창고가 바닥이 날 정도로 구휼을 베풀었다. 당시 최부자집의 1년 쌀 소비량은 약 3,000석 정도였는데 1,000석은 식구들 양식이었고 한다. 그 다음 1,000석은 과객들의 식사대접에 사용했고 나머지 1,000석은 빈민구제에 썼다고 한다.

우리 회사는 오픈식을 한 후, 식사를 할 만한 공간이 따로 없었다. 그래서 궁여지책으로 행정실 한 쪽에 있는 방에서 밥을 했고 그곳에서 식사를 해결했다. 몇 개월 후 본사 건물 4층을 임대했다. 그래서 그곳에 직원들의 식사를 해결할 수 있도록 식당을 열었다. 그렇게 **우리 회사에는 '천 원' 식당을 운영하게**

되었다. 사실, 내가 영업사원을 했을 당시에도 식사 해결이 힘들었다. 그래서 사업자들의 그런 마음을 조금이나마 이해할 수 있었다.

돈도 돈이지만, 나는 사업자분들이 편안하게 밥먹을 공간이 있으면 좋겠다는 생각을 자주 했다. 때문에 회사에 식당을 여는 게 당연하다고 생각했다. 그래서 점심 식사는 천 원만 받고, 저녁 식사는 아예 돈을 받지 않는다. 처음에는 천 원도 받지 않고 그냥 공짜로 밥을 먹게 했다. 시간이 흘러가면서 취지는 좋은데 질서가 없는 것 같았다. 그리고 천 원은 단순한 금액이 아니라 돈내고 먹는 당당한 권리라는 걸 인식시키고 싶었다.

만약 천 원이 없어서 식사를 못 하는 사람이 있을 것 같아서 특단의 조치를 했다. 한 달 동안 필요한 식권, 이만 육천 원어치를 미리 사서 주고 월급을 받으면 갚게 한 것이다. 우리 회사에 처음 오신 분들은 당연히 공짜로 식사를 한다. 그러다 보니 회사에서 부담하는 식비, 부자재비가 많은 편이다.

다행히 우리 식당에는 사업자 모두가 함께 봉사를 한다. 1,000원짜리 밥이지만 하루 70명 정도 밥을 먹는다. 밥 굶는 자가 우리 회사에는 없다. 우리 회사는 하나님의 기업이다. 그리고 예수님의 말씀과 그 문화로 운영되고 있다. 그래서 우리 경영진은 항상 '돈보다 사람을 중요시 여겨야 한다.'고 생각한다.

얼마 전에는 한 권사님의 아들이 결혼식을 하는데 어려움이 있어서 2,000만 원을 돕기도 했다. 이렇게 경제적으로 어려움이 닥친 사람에게는 현금을 직접 주기도 하며 도울 수 있는 방법을 총동원하여 돕는다. 하나님 안에서는 모든 것이 다 협력하여 선을 이루는 것이다.

우리 회사는 하나님의 기업이다. 그리고 예수님의 말씀과 그 문화로 운영되고 있다. 그래서 우리 경영진은 항상 '돈보다 사람을 중요시 여겨야 한다.'고 생각한다. 하나님 안에서는 모든 것이 다 협력하여 선을 이루는 것이다.

네 번 째 장 *chapter 4*

너는 나만 바라봐야 한다

믿음의 증거들

여호와께서 우리를 위하여 큰 일을 행하셨으니 우리는 기쁘도다 여호와여 우리의 포로를 남방 시내들 같이 돌려 보내소서 눈물을 흘리며 씨를 뿌리는 자는 기쁨으로 거두리로다 울며 씨를 뿌리러 나가는 자는 반드시 기쁨으로 그 곡식 단을 가지고 돌아오리로다 (시 126:1~6)

대한민국
렌탈업체
대상을 받다

여호와께서 시온의 포로를 돌려 보내실 때에 우리는 꿈꾸는 것 같았도다 그 때에 우리 입에는 웃음이 가득하고 우리 혀에는 찬양이 찼었도다 그 때에 뭇 나라 가운데에서 말하기를 여호와께서 그들을 위하여 큰 일을 행하셨다 하였도다

여호와께서 우리를 위하여 큰 일을 행하셨으니 우리는 기쁘도다 여호와여 우리의 포로를 남방 시내들 같이 돌려 보내소서 눈물을 흘리며 씨를 뿌리는 자는 기쁨으로

거두리로다 울며 씨를 뿌리러 나가는 자는 반드시 기쁨으로 그 곡식 단을 가지고 돌아오리로다 (시 126:1~6)

비가 오고 난 뒤에는 죽순(竹筍)이 여기저기에서 자란다. 이를 우후죽순(雨後竹筍)이라고 한다. 죽순은 하루에 60㎝까지도 자란다. 그러니 자라는 모습이 눈에 확 띈다. 그렇게 쑥쑥 자라난 죽순은 세 달쯤 되면 그 길이가 16m에서 25m까지 자라고 잘 자라는 대나무는 40m까지도 자란다고 한다. 이렇게 빨리 자라나는 대나무는 그 모습을 우리에게 보이기까지 땅속에서 5년이라는 긴 시간을 보낸다.

대나무가 땅에서 나와 이렇게 빨리 성장할 수 있는 이유가 하나 있다. 바로 땅속에서 수분과 양분을 뿌리와 지하경(뿌리줄기 마디)에 끊임없이 보내서 사방으로 뻗어 나갔기 때문이다. 땅속에서의 5년은 대나무가 급속한 성장을 위해 깊숙하게 뿌리를 내리는 소중한 세월이다. 그 5년이라는 세월이 없었다면 대나무는 그렇게 빨리 성장할 수가 없다.

우리의 삶도 마찬가지다. 겉으로 드러나지 않는 땅

속의 시간이 있다고 할 수 있다.

2018년, 국내 최대 렌탈 전문 전시회인 'SBS 코리아렌탈쇼'가 킨텍스에서 열렸다. 코리아렌탈쇼에는 120개 회사가 참가해 4일 동안 약 1만 명의 참관객이 전시회를 방문했다. 참관객들은 현장에서 제품을 직접 체험할 수 있었다. 또 특가로 렌탈 계약을 맺을 수 있었다는 점이 장점이었다. 실제 렌탈제품이 필요한 고객들의 방문이 많아서 현장에서 상담 및 계약이 많이 이루어졌다. 그로 인해 방문자들의 만족도가 높았다고 한다.

또 코리아렌탈쇼 어워즈에 출품한 국내 대표 렌탈 제품을 대상으로 전시회에 방문한 참관객들의 투표를 통해 머스트 해브 어워드와 디자인 어워드 수상 기업이 선정되었고 주최사 선정으로 크루 어워드 수상 기업이 선정되었다. **당시 우리 회사는 '참관객이 선정한 꼭 필요한 렌탈 제품'에 주어지는 '머스트 해브 어워드' 위너로 선정되었다.**

또한 우리 회사의 음식물처리기는 '소비자 만족지

수 1위 기업 및 혁신제품 대상'을 받았다. 당시 신문에는 기사가 이렇게 보도되었다.

'인공지능(AI)을 탑재한 음식물 소멸기가 등장해 화제다. 최근 시중엔 미생물 배양에 관한 특허기술을 응용, 24시간 이내에 음식물 쓰레기의 약 90% 이상이 소멸되고 침출수는 전혀 없는 제품이 나왔다. ㈜미랜코리아(대표: 이재원)가 개발한 음식물 소멸기 'FA-020K'는 하이브리드 탈취방식으로 냄새까지 완벽하게 제거한 신개념의 제품이다. 따로 설치할 것도 없이 전원만 꽂으면 간편하게 사용할 수 있어 더욱 좋다.

흔히 건조 방식의 제품은 전기료나 필터 교환 등 추가 비용이 발생하며, 건조 중에는 추가 투입이 불가능한 점 등 불편한 게 한두 가지가 아니다. 또 분쇄 방식의 제품은 모터 고장이 잦고 분쇄된 음식물을 하수구로 버리므로 하수구도 막히고 환경오염도 심각하다. 이에 비해 인공지능을 탑재한 미생물발효소멸 방식의 'FA-020K'는 악취와 침출수, 배기 호스가 없는 친환경적인 음식물 소멸기다. 특히 아날로그 방식이 아닌 디지털방식으로 온도와 습도를 자동으로 조

절하여 미생물에게 최적의 환경을 만들어준다.

현재 가정용, 렌털용, 준업소용을 출시하고 있으며, 가까운 시일에 인공지능(AI)을 탑재한 오피스텔 전용 제품도 선보일 예정이다. 제품을 사용해본 소비자들은 "직접 음식물을 밖에 버리지 않고 집에서 처리기에 넣으니 너무 편하다"는 반응이 대부분이다. 실제로 처리기에서 나온 퇴비로 재배한 채소가 너무나 신선하고 맛있었다는 체험담도 전해진다. "시대적 유통 흐름이 판매에서 렌털 방식으로 급선회하고 있는 시점"이라고 전망한 이재원 대표는 "이에 본사는 발 빠르게 유통 방식을 렌털로 전환했으며, 전문 코디를 도입하여 렌털 시장을 확대해 갈 예정"이라고 소개했다. 현재 전국 지사 53개 중 26개 지사에 보급되었고, 7월 20일부터 전국 렌털장 5,000개 모집 및 로드샵(렌털 접수처)을 추가로 확대해갈 계획이다.

해당 제품은 ISO 9001, 14001, K마크인증서를 획득하고, 특허증 7개를 소유하고 있으며 캐나다 벤쿠버 환경박람회 1위 수상한 경력도 있다. 이 대표는 "연말 정도에 모든 회원들에게 캐쉬백 도입을 통해 '렌탈 ZERO 정책'에 도전할 것"이라고 밝혔다(스포츠동아 2018. 7. 24).'

모든 게 시간이 필요하지만, 우리는 마음이 몹시 조급하다. 나도 사업을 하면서 금방금방 성장하지 않는 듯하여 마음이 조급한 적이 가끔 있었다. 또 내가 무슨 일을 결정할 때도 잘하고 있는지 불안할 때도 있었다.

하지만 돌아보면 그때는 땅 속 시간에 있었던 것이다. 매섭고 추운 칼바람이 부는 겨울이 끝나면 반드시 따뜻한 봄이 온다.

우리가 살아가면서 겪는 겨울은 혹독한 징계가 아니다. 어쩌면 '우리 입에 웃음이 가득하고 우리 혀에 찬양이' 넘치게 하시려는 하나님이 선물을 준비하시는 시간인 것이다.

하나님은 신실하시다. 시편 126편 5절에 '눈물을 흘리며 씨를 뿌리는 자는 기쁨으로 거두리로다'의 말씀처럼 하나님께서는 우리 회사에도 기쁨의 열매를 거두게 하셨다. 이 모든 것이 다 하나님의 은혜이다. 우리를 위하여 큰일을 행하신 하나님을 찬양한다.

1주년 창립행사 기념식을 열다

지구온난화와 생태계 훼손으로 인해 지구가 몸살을 앓고 있다. 이산화탄소를 바다와 숲이 흡수할 수 있는 한계를 초과해 배출하고, 물을 낭비하며, 많은 나무를 자른다. 지구의 수용능력을 초과한지 이미 오래다. 우리나라도 이미 생태용량을 초과했고, 지금 같은 수요 충당을 위해 8.5배나 더 큰 땅이 필요하다.

전 세계적으로 폐기물 양이 해마다 급속히 증가하고 있는 이유이다. 현재 폐기물을 유형별로 보면 음식물쓰레기와 자연폐기물이 44%로 가장 많다. 특히 저소득국가에서 발생하는 폐기물의 90% 이상이 제대로 관리되지 않고 있다. 그로 인해 온실가스 배출 및 재해 위험 그리고 빈곤층의 잠재적 피해가 우려된다고 한다. 환경부의 1년 예산안 총지출은 7조 원이 넘는다.

특히 환경문제 가운데 음식물 쓰레기 처리가 골머리를 앓게 한다. 정부는 음식물 쓰레기를 유기질 비료로 활용하는 고시 개정안을 행정예고 했다. 하지만 석 달이나 확정 시행을 미루었고 그로 인해 음식물 쓰레기 대란이 우려되기도 했다. 예로 들면 서울 송파구의 음식물 처리시설장에만 2,000t의 건조분말 포대가 쌓이는 등 보관 장소가 포화상태가 되기도 했다. 이처럼 여러 환경 문제 중에서도 음식물쓰레기는 사람들의 일상생활과 가장 밀접한 연관이 있다.

지난 2013년부터 해양투기가 금지된 음식물 쓰레기는 현재 경제적, 환경적으로 심각한 문제로 대두되고 있다. 이에 우리 미랜코리아는 친환경적 음식물 처리 시스템을 통해 경제적 비용 절감과 환경오염 문제 등을 해결하고자 앞장서고 있으며, 미래 환경산업을 선도할 제품개발과 기술 확보에 매진하고 있다.

우리 회사의 1주년 창립행사 기념식이 있었다. 회사 직원들은 미리 초청장을 만들어서 사업자들과 고객들에게 돌렸다. 당일에 많은 사람이 행사장을 찾아왔다. 우리 직원들은 행사장에 온 사람들의 초청장을 일일이 하나하나 확인했다. 무대 위에서는 담당자들이 한창 이것저것 세팅 준비를 진행하고 있었다. 사업자들은 서로 인사하고 여기저기에 모여서 삼삼오오 사진을 찍기도 했다. 다들 꽃처럼 활짝 웃는 얼굴이 평안하고 행복해보였다.

사람들이 속속 모여들었고 행사 시작 시간이 되자 사회자가 개회를 선언했다. 그 후에 나의 엠블렘 깃발 전달식이 있었다. 많은 사람들이 이 모습을 보고 힘껏 박수를 치며 열렬히 응원해주었다. 가슴 속에 감동의 물결이 용솟음쳤다. 나는 마음속으로 하나님께 감사기도를 올렸다.

그 다음에 사업자 대표님 인사말이 있었다. 많은

사람들이 귀를 쫑긋하며 인사말을 들었다. 대표님의 인사말이 끝나자 할렐루야 찬양단의 찬양 소리가 장내에 울려 퍼졌다. 그동안 찬양단원 모두가 열심히 최선을 다해서 찬양 연습을 했는데 그래서인지 더욱 아름다운 찬양으로 하나님께 영광을 돌렸다. 행사장 안의 모든 사람들이 큰 은혜를 받았다.

할렐루야 찬양단의 찬양이 끝난 후에는 내가 무대 위에 올라가 직접 비전 설명을 했다. 많은 사람이 집중해서 설명회를 들었다. 그 후에는 나눔의 기업 선포회가 있었다. 앞으로도 우리 회사는 꿈이 없고 희망이 없는 사람들에게 나눔 보너스를 줄 것이다.

하나님께서는 우리 회사가 가난한 자, 살 희망이 없는 자들과 함께 나누어야 한다고 말씀하셨다. 그렇게 해서 그들을 전도하라고 하시는 것이다. 그들을 잘 대접하고 전도해서 천국으로 가게하는 것이 하나님께서 기뻐하시는 일이다. 한 영혼 한 영혼을 불쌍히 여겨서 천국 보내는 것, 그 생명을 살리는 것이 이 회사의 설립 목적이기 때문이다.

나눔의 기업 선포회가 끝나고 천안 지사장님, 본사

지사장님 등 지사장님들을 소개했다. 중국 공장 대표님의 소개와 소감 말씀이 그 뒤를 이었다. 전국 지역 지사장님들이 모두 다 무대 위로 나왔는데 환갑을 맞은 분들이 있었다. 이 분들을 축하하고 격려하는 순서가 있었고 따로 위로금을 지급하기도 했다. 이렇게 1부 행사를 마무리하고 지역 지사장님들이 함께 모여 단체사진을 찍었다.

처음에 빈손으로, 아니 빚만 쥐고 시작한 사업이었다. 하지만 하나님께서는 나와 우리 회사에 함께 하셨고 이렇게 많은 열매를 맺게 하셨다. 그동안 힘들기도 했지만 기쁜 일들도 많이 있었다. 1주년 창립행사 기념식을 거행하는 중에 그동안의 일들이 마치 한편의 영화처럼 내 눈앞에 스쳐 지나갔다. 나는 마음속으로 뜨거운 감사의 눈물을 흘렸다. 지금까지 함께하신 에벤에셀의 하나님께 진심으로 감사드린다. 나는 꿈꾼다. 이 하나님의 기업이 다음세대로 이어가 더 많은 영혼을 구원했으면 한다. 이것 역시 하나님이 계획하고 있음을 잘 안다. 나는 그 계획에 성실하게 따라 갈 것이다. 오늘도 감사 기도를 드린다.

지역 지사 독점권 60개의 열매

근래에 렌탈 서비스가 폭발적으로 성장하고 있다. 한 경제연구소 조사에 따르면 2019년 렌탈시장 규모는 26조 원으로 추정되며 2020년에는 40조 원 규모까지 확대될 예정이라고 한다. 최근에는 정수기나 안마의자 외에도 냉장고나 TV, 로봇청소기 등 가전제품은 물론 소파, 의류, 유아용 장난감, 장식용 그림까지 그 종류와 범위가 날로 확대되고 있다.

렌탈 서비스가 성장하는 이유는 우선 경제적인 부

담을 줄일 수 있기 때문이다. 고가 제품의 경우 단번에 목돈을 주고 구입하기가 쉽지 않다. 하지만 렌탈 서비스를 이용하면 전체 금액을 매달 분할해서 지불할 수 있게 된다. 일종의 할부 개념인 셈이다. 요즘 신혼부부들이 혼수에 대한 부담을 덜기 위해 이런 렌탈 서비스를 특히 많이 활용하고 있다. 지인의 딸이 얼마 전에 결혼을 했다. 혼수품으로 TV랑 냉장고, 세탁기 세 가지 품목을 구매하려고 하면 400만 원에서 500만 원 정도 견적이 나온다. 그런데 렌탈 서비스를 이용하면 월 10만 원도 안 되기 때문에 크게 부담이 안 된다고 했다.

요즘에는 트렌드가 워낙 빠른 속도로 바뀌다 보니 그때그때 유행에 맞춰서 다른 제품으로 교체하면 되니까 합리적이라는 것이다. 또 취업 준비생들이 면접 비용 부담을 덜기 위해 양복도 많이 렌탈한다고 한다. 특히 일본은 렌탈 서비스가 다양하기로 유명하다. '포닷워치(FourDotWatch)'에서는 고급시계를 렌탈하는 'KARITOKE' 서비스를 운영 중이다. 이는 고가 시계를 사기 전에 착용감을 느끼거나 특별한

날, 취업 면접 등을 위해 착용하기 위해 찾는다.

나눔 기업인 우리 ㈜미랜코리아는 이순권 회장님과 내가 공동 개발한 인공지능 신형 음식물처리기를 취급한다. 이 제품은 5년 전 제품으로 생산되자마자 생산이 마비될 정도로 유명했던 제품이다. 그동안 네트워크 방식으로 판매를 진행해오다 사소한 문제가 생겨 영업방식을 획기적으로 변경하고 제2의 도약의 꿈을 계획했다.

무엇보다 렌탈 방식으로 독점공급을 하는 것이다. 등록비 12만 원으로 매월 29,500원에 소비자에게 공급하는데 여기서 중요한 것이 하나 있다. 바로 소비자에게 렌탈료에서 포인트 적립 마켓팅을 적용하여 부담을 적게 하는 전략이다.

나는 사업자들의 아픈사연을 접하게 되었다. 나 역시 아픔을 겪으며 성장했다. 자연스럽게 나눔의 기업을 설립해야겠다고 생각했다. 우리는 이순권 회장님과 MOU을 하고 본격적인 영업전략으로 제2의 도약을 하고 있다. 이 도약이 새롭게 시작하는 사업들과 함께 최선의 노력을 다할 것이다.

얼마 전에 렌탈사업을 시작한 이민재 씨(부천시 원미구 중동 거주)는 지인의 소개로 우연히 우리 회사의 음식물처리기 사업을 소개받게 되었다. 그때 우리 회사가 정수기 회사인 웅진코웨이의 방식으로 경영하고 있다는 소식을 들었다고 했다. 그는 우리 회사의 사업 설명회를 듣고 곧바로 사업할 것을 결정했다. 얼마 지나지 않아 그는 1개월 매출 이익금이 500만 원에 달했다.

우리 (주)미랜코리아는 나눔 기업으로서 초기 자금이 많이 들어가지 않는다. 사업을 원하는 고객은 누구나 등록비 12만 원만 있으면 사업이 가능하다. 우리 회사는 돈도 중요하지만 무엇보다도 사람을 귀하게 여기라는 하나님의 말씀에 순종하고 있다. 우리는 하나님의 형상대로 지음을 받은 존귀한 자들이다. 그러므로 나와 우리 직원들은 고객이나 사업자님들 한 사람, 한 사람을 주께 대하듯이 인격적으로 대우해야 한다고 생각한다. 그래서 누구나 쉽게 시작할 수 있도록 초기 자금도 아주 적게 들어가게 한 것이다.

특히 하나님께서는 우리 회사에 물질이 없어 가난하고 상처받은 사람들은 많이 보내주신다고 하셨다. 그래서 그들이 하나님을 만나 상처를 치유 받고 부유해지길 원하시며 무엇보다 하나님께서 역사하심을 보고 다함께 천국에 가는 것을 기뻐하신다. 앞으로 렌탈 서비스를 기반으로 우리 회사는 더욱 성장할 것이고 이는 단기간에 지역 지사 독점권 60개로 우리에게 보여주신 하나님의 축복의 증거인 셈이다.

나는 어제, 오늘보다 내일이 더 궁금하다. 하나님은 우리 (주)미랜코리아에 어떤 계획을 갖고 나와 파트너들을 어떻게 사용할지 궁금하기 때문이다. 분명한 건 지금보다 더 크고 행복하게 우리를 사용할 것이다.

우리 회사는 돈도 중요하지만 무엇보다도 사람을 귀하게 여기라는 하나님의 말씀에 순종하고 있다. 우리는 하나님의 형상대로 지음을 받은 존귀한 자들이다. 그러므로 나와 우리 직원들은 고객이나 사업자님들 한 사람 한 사람을 주께 대하듯이 인격적으로 대우해야 한다고 생각한다.

"하나님이 역사 하세요."

거짓 선지자들을 삼가라 양의 옷을 입고 너희에게 나아오나 속에는 노략질하는 이리라 그들의 열매로 그들을 알지니 가시나무에서 포도를, 또는 엉겅퀴에서 무화과를 따겠느냐 이와 같이 좋은 나무마다 아름다운 열매를 맺고 못된 나무가 나쁜 열매를 맺나니 좋은 나무가 나쁜 열매를 맺을 수 없고 못된 나무가 아름다운 열매를 맺을 수 없느니라 아름다운 열매를 맺지 아니하는 나무마다

찍혀 불에 던져지느니라 이러므로 그들의 열매로 그들을 알리라 (마 7: 15~20)

딸이 대학에 다닐 때의 일이다. 그때 딸을 잃어버린 적이 있다. 장대 같은 비가 억수로 쏟아지는 새벽에 초인종이 울려서 현관문을 열었는데 갑자기 건장한 남자들이 집으로 들이닥쳤다. 나와 아내는 깜짝 놀라서 그들에게 물었다.

"아니, 다들 누구신가요? 무슨 일인데 이렇게…?"

"예! 저희는 서울 경찰서에서 나왔는데요. 모 여대생 실종사건 때문에 댁을 방문했습니다."

"예? 뭐라구요?"

나와 아내는 놀란 얼굴로 경찰들의 얼굴을 멍하니 바라보았다. 나는 가슴이 심하게 두근거렸다.

"음, 따님이 이지연 씨 맞지요? 따님이 친구들과 함께 홍대 근처에 있었는데 갑자기 사라졌습니다."

"예? 언제요?"

"새벽 두세 시쯤입니다. 그때 실종이 되었는데 아직까지 아무 소식이 없습니다. 지금 실종 사건으로 여기저기 다 조사 중입니다.”

옆에 있던 아내는 몸을 휘청거리며 오열을 했다. 나도 온몸이 떨리고 손에 식은땀이 났다.

“그럼, 이제 어떻게 해야 할까요?”

“… 저희도 방법이 없네요. 휴! 일단 댁에서 기다려 보십시오.”

경찰들은 여기저기 전화를 해대다가 다시 돌아갔다. 아내와 나는 속수무책으로 집에서 기다릴 수밖에 없었다. 그때 나는 우리 회사에서 늘 기도를 하는 집사님에게 전화를 했다.

“집사님! 우리 딸이 실종됐다고 합니다. 이게 어찌된 일일까요? 너무 걱정이 돼서 가만히 앉아서 기다릴 수가 없네요. 기도해주세요.”

나는 얼른 전화를 끊고 기도하며 집사님의 전화를 기다렸다. 하나님과 소통이 되어 나도 바로 응답을 받을 수 있다면 얼마나 좋을까. 나의 부족함이 원망스러웠다. 잠시 후에 집사님에게서 전화가 왔다.

“대표님! 딸이 보여요. 딸이… 구석에 있는데요. 괜찮은 것 같아요.”

나와 아내는 그 집사님의 전화를 받은 후에 안심이 되었다. 그날 오후에 딸이 집으로 돌아왔다. 딸은 친구들과 함께 분명히 홍대 입구에서 술을 마셨다고 한다. 그런데 일어나 보니 피시방인 것이다. 그리고 왜 거기에 있게 되었는지 잘 기억나지 않는다고 했다. 나는 사고 없이 돌아온 딸이 정말 천만다행이라고 생각하며 가슴을 쓸어내렸다. 또 하나님께 진심으로 감사했다. 하나님께서 역사하신 일이다.

집사님의 기도를 통해 딸의 안위를 보여주셨던 하나님께 다시 한번 찬양과 경배를 드린다. 나의 부족함을 깨닫게 해주시고 더 열심으로 기도하게 하신 하나님께 감사드린다.

나는 이렇게 하나님의 역사하심을 보며 늘 믿음의 확신을 갖는다. 우리 회사에 입사하는 직원들도 처음에는 조금 의심하기도 하고 설마 하기도 한다. 하지만 날마다 우리와 함께 예배를 드린 후에는 얼마 지나지 않아 스스로 무릎을 꿇는 것을 보곤 한다. 하나님께서 역사하신다는 것을 직접 눈으로 확인하기 때문이다.

누군가는 이 책을 읽을 것이다. 내가 아는 게 다가 아닐 것이다. 하지만 이 책을 통해서 그리고 무지하고 보잘 것 없는 이재원을 통해서 하나님이 살아있다는 것을 느끼시기를 바란다. 이 책은 부족한 나의 간증이다. 간절히 삶의 희망을 찾는 누군가에게는 반드시 희망의 등불이 될 것이다. 나를 만나주신 하나님이 그도 만나주실것임으로. 기도하며 희망을 잃지 않는 자들과 오늘도 주님을 만나며 주님께 의지하며 나아가는 나의 삶이 감사요 기쁨이다.

동사무소 복지센터와의 협약식

매 삼 년 끝에 그 해 소산의 십분의 일을 다 내어 네 성읍에 저축하여 너희 중에 분깃이나 기업이 없는 레위인과 네 성중에 거류하는 객과 및 고아와 과부들이 와서 먹고 배부르게 하라 그리하면 네 하나님 여호와께서 네 손으로 하는 범사에 네게 복을 주시리라 (신 14:29)

위의 말씀처럼 하나님께서는 우리가 손을 펴서 궁핍한 사람들을 도우라고 하신다. 성경 여러 곳을 살펴보면 하나님께서 우리에게 주신 물질에는 내 것만 이 아니라 이웃의 몫이 있다고 강조하신다. 우리가 벌어들인 소득에는 배고픈 이들에게 돌아가야 할 몫이 있다는 말씀이다. 예수님도 산상수훈을 통해서 '너는 구제할 때에 오른손이 하는 것을 왼손이 모르게 하여 네 구제함을 은밀하게 하라'고 말씀하셨다. 우리가 누군가를 돕는 것은 자랑할 일이 아니라 마땅히 해야 할 일이다.

하지만 우리는 나눔보다 움켜쥐는 것을 좋아한다. 어떻게 번 돈인데, 이것을 누구에게 주느냐는 인색한 마음이 생긴다. 하지만 우리는 맨손으로 이 땅에 왔다.

모든 것은 하나님께서 주신 것이다. 우리가 갖고 있는 모든 것의 주인은 하나님이시고, 우린 그것을 관리하는 청지기일 뿐이다. 주인의 마음을 알고 그 뜻대로 명령에 순종하는 것이 청지기의 사명이다. 우리가 성실하고 지혜로운 청지기가 되어 아끼는 마음을 품지 않고 손을 펴서 나눠주면 하나님께서는 이 일로 인해 우리가 하는 모든 일과 우리 손이 닿는 모든 일에 복을 주시리라고 약속하셨다.

우리 회사에는 기도실이 있다. 나와 직원들은 사무실에 출근하자마자 이 기도실에 모여 함께 예배를 드리고 기도한다. 예배를 드리기 때문에 당연히 헌금도 나오기 마련이다. 우리 회사는 그 헌금을 어떻게 해야 할까 고민하다가 형편이 어려운 분들을 도와드리는데 사용하면 좋겠다는 결론을 내렸다. 그래서 사무실과 가까운 곳에 자리한 동사무소를 찾아갔다. 적은 액수지만 봉투에 넣어 복지 업무를 담당하는 분께 전해드렸다. 그 후에 복지담당 팀장님께 전화 연락이 왔다.

"대표님! 정말 감사합니다. 이렇게 어려운 사람들을 생각해주시다니…. 앞으로 사업이 더욱 번창하시기 바랍니다."

동사무소 복지센터에서는 너무 감사하다며 표창장까지 주셨다. 나는 너무 부끄러웠다.

"아이구, 별 말씀을 다하십니다. 너무 적은 액수라서 저희가 좀 부끄럽네요…"

그 후에 우리는 개척교회 6군데를 후원하고 있는

데 지금도 기부협약식 간판을 보면 감회가 새롭다. 하나님의 뜻에 따라 사는 삶에는 이렇게 기쁨이 덤으로 따라온다.

성경 잠언에는 이런 말씀이 나온다.

'젊은 자의 영화는 그의 힘이요 늙은 자의 아름다움은 백발이니라(잠 20:29)'

우리 회사는 경로당에도 음식물처리기를 여러 곳에 지원을 했고 앞으로도 계속 지원할 예정이다. 얼마 전에는 저소득 노인을 위한 기부와 나눔 실천을 위해 '나눔기업 협약식'을 진행했다. 협약 주요 내용은 지역 사회 내 독거노인을 정기적으로 후원하고, 저소득 노인 가정에 대한 이웃돕기를 적극 실천한다는 내용이었다. 요즈음에는 특히 노인 경시 풍조가 만연하다. 하지만 이런 때일수록 노인이 더욱 존중받는 사회, 어르신이 행복한 세상이 되도록 힘을 모아야 한다.

근래 취업지원사이트 워크넷에 등록된 구직자 중 60대 이상 노년층의 비중이 증가하고 있다고 한다.

이들은 임금이 낮고 힘들더라도 청소원, 경비원, 간병인 등의 직업을 갖길 원했다. 40대와 50대로 갈수록 상점판매원, 간병인, 청소원, 가사도우미 등 단순 업무를 찾는 경향이 나타나고 50대의 경우에는 1~10위 희망직종에 간병인, 청소원, 가사도우미, 주방보조원, 경비원, 상점판매원, 조리사 등이 올랐다고 한다.

60대 이상은 청소원과 경비원을 가장 선호했다. 임금이 높지 않지만 일자리 찾기가 쉽지 않아서 단순 노무직을 원하고 있는 것이다. 지난해(2018년) 기준 청소원이 희망 직업 1순위를 차지했고, 경비원, 간병인, 서비스업 단순 종사원 등이 뒤를 이었다.

고령화가 급속도로 진행되고 있는 요즈음에 우리 기업은 노인들도 얼마든지 참여할 수 있는 회사이기에 더욱 감사하다. 우리 회사는 나이에 구애받지 않고 얼마든지 사업을 시작할 수가 있기 때문이다. 하나님의 명령에 순종하며 나눔과 또 절실한 일자리 사업을 통해 필요한 곳에 사용하게 하시는 하나님의 섬세함을 나는 죽는 날까지 배워야 할 것 같다.

"나도 하나님을 믿고 싶다"는 사람들

만군의 여호와가 이와 같이 말하노라 다시 여러 백성과 많은 성읍의 주민이 올 것이라 이 성읍 주민이 저 성읍에 가서 이르기를 우리가 속히 가서 만군의 여호와를 찾고 여호와께 은혜를 구하자 하면 나도 가겠노라 하겠으며 많은 백성과 강대한 나라들이 예루살렘으로 와서 만군의 여호와를 찾고 여호와께 은혜를 구하리라

만군의 여호와가 이와 같이 말하노라 그 날에는 말이 다른 이방 백성 열 명이 유다 사람 하나의 옷자락을 잡

을 것이라 곧 잡고 말하기를 하나님이 너희와 함께 하심을 들었나니 우리가 너희와 함께 가려 하노라 하리라 하시니라 (슥 8:20~23)

요즈음 우리 회사에 있는 기도실에서 예배하고 기도하시는 분들이 조금씩 늘어나고 있다. **예수님을 믿지 않았던 분들도 우리 회사와 나를 보며 하나님께서 살아계신다는 것을 눈으로 확인했기 때문이다. 새롭게 기도하기 시작한 사람들은 나 같은 사람도 하나님을 믿고 따르자 이렇게 축복받는 것을 보며 기도를 올린다고 한다. 다른 사람도 아니고 바로 내가 산 증인이 된 것 같아 감사할 따름이다.**

신실한 불교 신자였던 김 씨(72세) 아주머니는 얼마 전에 이런 고백을 했다.

"아, 대표님! 이젠 저도 하나님을 믿고 교회에 다니고 싶네요. 사실, 저는 우리 딸을 시집보낼 때도 불교 신자가 아니면 절대로 안 보내겠다고 했어요. 그래서 불교신자하고 결혼을 시켰지요. 그런데 대표님을 보니까, 보통인 사람이 이렇게 성공한 것을 보니 정말 하나님이 살아계신 것 같았는데 진짜로 살아계셨네요."

그 분은 지금 집과 가까운 교회에서 주일 성수를 하고 있다. 하지만 자녀들한테는 아직 예수님이 '예' 자도 못 꺼내고 있다. 예전에 불교신자 아니면 절대 시집보내지 않겠다고 심하게 우겼기 때문에 전도를 할 엄두조차 못 내고 있는 것이다. 하지만 기도를 통하여 반드시 그 분의 가정에도 예수님의 역사하심과 축복이 임하리라 믿는다.

또 근래에는 하나님을 믿는다고 하면서도 제대로 믿음 생활을 하지 못하는 집사들이 많다. 말하자면 '잡사'라고 하는 사람들이다. 물론 신실하게 하나님을 섬기고 이웃들을 사랑하며 세상에서 빛과 소금이 되는 삶을 사는 열매 맺는 집사들이 더 많다. 하지만 그 중에는 복음을 가리고 하나님의 얼굴이나 교회에 먹칠을 하는 장로, 권사, 집사들이 있는 것이다.

그런 사람들도 우리 회사에 와서 함께 예배드리고 기도하다 보면 심령을 치유받고 교회에 가서 온전하게 하나님을 섬기고 이웃을 사랑하는 성도들이 되는 것을 볼 수 있었다. 어느 날 믿음이 부족한 사람들은 같은 하나님을 섬기는데 왜 그럴까 생각해보았다. 그것은 정말 살아계신 하나님을 만나지 못했기 때문이다. 말로는 하나님을 믿는다고 하면서도 지금도 역사하시는 성령님의 능력을 직접 체험해보지 못했기 때문에 확실한 믿음이 없는 것이다.

하나님께서는 성경 스가랴서 4장 6절에서 말씀하셨다.

'그가 내게 대답하여 이르되 여호와께서 스룹바벨에게 하신 말씀이 이러하니라 만군의 여호와께서 말씀하시되 이는 힘으로 되지 아니하며 능력으로 되지 아니하고 오직 나의 영으로 되느니라'

우리가 하나님을 믿는 것도 자신의 의지를 사용해서 '내가 꼭 믿어야지, 믿고 말거야'라고 해서 믿게 되는 것이 아니다. **권력이 있다고 해서 돈이 많다고 해서 믿어지는 것이 아니다. 정말 하나님을 믿고 싶**

고 찾는 자가 진실한 마음으로 하나님을 예배할 때 비로소 그분을 만날 수가 있다. 성령님의 도움으로 말이다.

우리 기도회에 참석하는 사람 중에 특이한 분이 있다. 예전에 불교신자로서 절을 3천 배나 하곤 했던 사람이다. 그 사람은 '영험한 신'을 받으려고 전국 여기저기에 있는 유명한 산을 다 돌아다녔다고 한다. 그런데 그런 분이 우리 회사에 나와 기도회에 참석하고 예수님을 영접했다. 그 후에 방언도 받았다. 그분은 지금도 날마다 하나님께 예배드리고 기도를 하는데 신기한 것은 하루에 5시간 동안 기도를 하는 것이다. 또 기도하면서 변화되어가는 모습을 보면 정말 하나님께 감사하다는 생각이 든다. 그런 사람이 만약에 예수님을 영접하지 않았더라면 어떻게 되었을까. 생각만 해도 아찔하다.

우리 회사에 와서 함께 일하고 예배하는 사람들은 나를 보고 이런 생각을 한다고 한다.

'아 저 분은 정말 무일푼이었지만 하나님을 만나서

이렇게 축복을 받았구나. 하나님께서 함께 하셨구나. 나도 하나님께서 함께 하시면 이런 축복을 받게 되겠구나.'

하나님께서는 믿는 우리가 세상에 나가서 빛과 소금이 되라고 하셨다. 나로 인해 많은 사람들이 하나님께로 돌아오는 역사가 일어나는 것이 나의 큰 소망이다. 또 하나님께서 나를 지명하여 부르시고 우리 회사를 세우신 이유다.

4장 너는 나만 바라봐야 한다 _ 믿음의 증거들

하나님께서는 믿는 우리가 세상에 나가서 빛과 소금이 되라고 하셨다. 나로 인해 많은 사람들이 하나님께로 돌아오는 역사가 일어나는 것이 나의 큰 소망이다. 또 하나님께서 나를 지명하여 부르시고 우리 회사를 세우신 이유다.

지금도 연단 받고 있지만 5년 안에 상장을 위하여

무릇 징계가 당시에는 즐거워 보이지 않고 슬퍼 보이나 후에 그로 말미암아 연단 받은 자들은 의와 평강의 열매를 맺느니라 그러므로 피곤한 손과 연약한 무릎을 일으켜 세우고 너희 발을 위하여 곧은 길을 만들어 저는 다리로 하여금 어그러지지 않고 고침을 받게 하라 (히 12:11~13)

대장간에 가보면 풀무 불에 달구어진 쇠를 볼 수

있다. 달구어진 쇠는 수없이 많은 망치질로 연단을 받고 마침내 이런저런 도구가 된다. 처음에는 보잘 것 없이 생긴 쇳덩이라 해도 1,000도가 넘는 풀무 불속에 들어갔다 나오면 시뻘겋게 달아오른다. 그때 대장장이가 망치로 이런 모양 저런 모양으로 두들겨 가면서 농기구를 만들어가는 것을 볼 수 있다. 대장간에서 만든 농기구는 어쩌면 대장장이의 피와 땀의 열매라고 할 수 있다.

사람은 본래 태어날 때부터 자기 마음대로 하려고 하는 속성이 있다. 죄의 본성을 타고난 우리이다. 거기에다 세상을 살아가다 보면 여러 가지 상처를 입기도 하고 선입견과 편견 등으로 인해 마음이 더욱 각박해진다. 그래서 본능적으로 하나님 말씀에 순종하지 않으려 한다. 하지만 대장장이가 쓸모없는 쇳덩이를 풀무 불에 녹여 요긴한 연장들을 만들어 가듯이, 하나님도 마찬가지다. 우리 인간들을 당신의 도구로 사용하기 위해서 본의 아니게 '연단'이라는 방법을 사용하시는 것이다. 연단 받을때는 고통스럽지만 그 시간들을 통하여 마음속에 들어 있는 불순물들을 제거하시곤 한다.

이렇게 수많은 연단 과정을 거친 후 우리는 비로소 하나님께서 쓰시기에 합당한 도구로 만들어진다. 나의 옛 사람이 죽게 되어 하나님이 쓰시기에 합당한 그릇으로 만들어지는 것이다. 풀무 불에 들어갔다 나오지 않은 쇳덩이는 길가에 굴러다니는 쓸모없는 고철덩어리에 불과하다.

우리도 마찬가지다. 연단 과정을 거치지 않은 사람은, 하나님의 뜻도 알 수 없거니와 하나님의 나라를 위해 쓰임을 받을 수 없다.

잠언서에 이런 말씀이 나온다. '도가니는 은을, 풀무는 금을 연단하거니와 여호와는 마음을 연단하시느니라'(잠 17:3) 이 말씀은 은이나 금은 도가니에 넣고 풀무 불에 넣어서 연단을 하지만 하나님은 인간의 마음을 연단하신다는 말이다. **하나님의 섭리 안에서 불같은 연단을 받은 자만이 불순물이 제거될 수 있다. 그래야만 비로소 하나님의 뜻대로 움직일**

수가 있기 때문이다.

하나님의 섭리 안에서 나와 우리 회사 직원들은 그동안 수없이 많은 연단을 받았다. 하지만 우리는 어려움이 올 때마다 겸손하게 엎드려서 기도하며 말씀에 순종했다.

지금까지 함께 하신 에벤에셀 하나님께서 언제까지나 함께 하실 줄 믿는다. 나에게서 썩어져가는 부분을 도려 내는 일은 나를 살리는 일이다. 이것이 내 삶에 천국 소망을 주신 하나님의 연단이라면 나는 기꺼이 따를 것이다. 그러다 보니 생각나는 것이 우리의 생활에서도 불쾌한 냄새를 없애보자는 생각을 갖게 한다.

누구나 냄새 없는 주방환경을 꿈꾼다. 우리 회사의 음식물처리기는 음식물 쓰레기를 말리거나 갈지 않고 한번에 처리할 수 있는 제품이다. 우리 회사의 음식물처리기는 친환경 미생물을 이용한 발효 소멸 방식이다. 친환경 미생물 발효 소멸 방식으로 24시간 이내 음식물과 냄새, 바이러스를 99% 제거한다. 미생물은 스스로 번식하기 때문에 반영구적이며, 소량의 부산물은 친환경 퇴비로 사용할 수 있다.

또 배기호스나 필터가 없어 설치비용이 없고, 낮은 전기료로 부담 없이 사용이 가능해 경제성, 합리성, 편의성 3박자를 고루 갖춘 최적화된 제품이다. 우리 미랜코리아는 핵심 기술인 미생물 배양법 특허뿐만 아니라 품질경영시스템 인증(ISO 9001), 환경경영시스템 인증(ISO 14001), 탈취용 금속산화물 촉매의 제조방법에 대한 특허도 보유하는 등 내실 있는 기업으로 성장하고 있다.

특히 획기적인 제품과 렌털 사업을 결합해 시장 지배력 강화를 통한 경쟁력 확보는 물론 물류 유통과 고객과의 전국 인적 네트워크를 구축해 나가고 있다. 현재 우리 회사는 중국 현지에 제조공장을 두고 있으며 미래 환경사업을 선도하겠다는 야심찬 계획을 세우고 있다. 또 국내는 물론 글로벌 선도기업으로 도약하고 있는 중이다.

언젠가 전국 지역 지사장들을 소집, 비전 특강을

한 적이 있다. 나눔 보너스(캐쉬백)와 보상플랜에 대한 강의도 했다. 우리 회사는 렌탈을 통한 상장이 설립 목적이다. 또 향후 5년 안에 상장을 지향한다. 그렇게 될 수밖에 없는 이유는 우리 회사가 모든 렌탈소비자들에게 나눔 보너스를 통하여 소비자들이 열광할 수밖에 없는 나눔 시스템을 갖추었기 때문이다. 평생연금, 평생월급이 주어지는 것이다. 쓰레기에서 거름으로 쓰임 받는 기회는 하나님 밖에 주실 분이 없다. 하나님이 죄인 중에 죄인이었던 나를 주님의 사명자로 세우셨듯이 미랜코리아를 통해 만나게 하시는 모든 분들도 이와 같이 죄인에서 의인으로 거듭남의 역사를 경험하게 될줄로 믿는다.

FACE

OF

HOP

누군가에게 희망이 되고 싶다

미래 비전들

우리 미랜코리아는 무엇보다도 제품을 합리적인 비용으로 공급하여 창업과 일자리 창출의 기회를 제공하려고 한다. 2차 일자리 창출로 창업자에게 경제적인 안정과 일자리 창출을 이루어내면서 사회안전망을 구축할 수 있게 할 것이다. 우리 회사는 청년 맞춤형 창업 아이템을 제공하고 중장년층을 위한 창업 모델과 주부를 위한 창업 모델, 또한 은퇴 층을 위한 창업 모델들을 저비용으로 효과적으로 공급할 예정이다.

5년 내 5만명 일자리 창출을 위해

오늘 날 최대 이슈는 일자리 창출이다. 일자리 정책은 각종 지원제도로 연결되고 일자리의 창출과 취업 지원을 위한 새로운 정책이 계속 제안되고 있고 있다. 정확한 규모 파악은 어렵지만, 한국렌탈협회에서 시장 자체는 꾸준히 커지고 있다고 한다. 또한 국내 렌탈시장에서 약 2만 개 업체, 15만 명이 종사하는 것으로 추정하고 있다(2016년 8월 기준).

국내 소비 문화는 점점 '소유'에서 '사용'으로 변화

해가고 있다. 1990년대 말 정수기에서 시작된 렌탈시장은 지금 침대 매트리스, 타이어, 그림, 장난감 등으로 확산되어 국내 렌탈시장 성장률은 10%대에 이른다. 한 집 건너 한 집에 렌탈을 사용하고 있다고 해도 과언이 아니다. 사실 렌탈산업은 '불황을 먹고 사는 산업'이다.

코웨이가 정수기 렌탈사업을 처음 시작한 것은 IMF 광풍이 불던 1998년이었다. IMF 때 정수기 매출이 절반으로 줄자 고심을 한 경영진이 "비싸니까 팔지 말고 빌려주자"는 발상으로 시작한 방식이 렌탈사업이었다고 한다. 저성장 내수 기반 경기상황에서 렌탈시장은 당연히 커질 수밖에 없다. 경기침체와 불황으로 인해 청년층부터 장년층까지 구매력이 약화되었다. 그로 인해 자연스럽게 낮은 가격으로 제품을 사용할 수 있는 렌탈시장이 급속하게 성장하게 되는 것이다.

또한 굳이 큰돈을 들여 새것을 사지 않으려는 소비문화가 자리 잡은 것도 대여에 대한 거부감이 사라지게 하고 있다. 최근에는 렌탈에서 한 단계 진화한 공유문화가 확산되었다.

사업상 만난 한 지인은 정수기, 비데 등을 렌탈하여 사용하고 있었다. 그런데 근래엔 미세먼지가 심해지면서 공기청정기도 새로 들여놨다. 한 달에 렌탈비로 15만 원이 지출된다고 한다. 지인은 사서 쓰는 게 훨씬 더 좋긴 하겠지만 필터 소독, 교환 등이 엄두가 나지 않아서 어쩔 수 없이 렌탈을 이용하고 있었다.

최근에는 렌탈 문화가 일상에 파고들어 그 품목도 다양해졌다. 패션·그림·장난감 등까지 렌탈한다. 그림렌탈회사, 레고대여회사, 렌터카서비스도 지속적으로 늘어나고 있다. 이렇듯 현재 국내 렌탈시장은 많은 인력을 필요로 하고 있다.

우리 회사도 마찬가지다. 우리 (주)미랜코리아는 얼마 전에 전국 지역 지사장 회의를 소집했다. 내가 직접 비전 특강을 진행했고, 이어 김남용 교육위원장의 나눔 보너스(캐쉬백)와 보상플랜에 대한 강의가 이어졌다.

우리 회사는 렌탈을 통한 상장이 목표이다. 향후 5

년 안에 상장을 목표를 하고 있다. 우리 회사가 모든 렌탈 소비자들에게 나눔 보너스라는 시스템을 갖추고 있기 때문에 소비자들이 열광할 수 밖에 없기 때문이다. 이로 인하여 각 지역 청년들이 렌탈 매장에 채용된다면 많은 일자리 창출도 가능할 것이기 때문이다.

예를 들면 이렇다. 지역지사 100곳에 영업사원이 최소 30명씩 투입되게 된다. 그러면 일자리 3,000개가 생기게 되는 셈이다. 렌탈 접수처가 5,000개가 생기면 한 접수처에서 일하는 사람이 10명으로 5만 명의 인원이 필요하게 되고, 100명이라면 50만 명에게 일자리가 생기게 된다. 이렇게 우리 회사를 통해 많은 일자리가 생기고 이를 통한 개인의 경제력 상승은 주변 상권의 호황으로 연결되는 경제의 알고리즘이 되는 것이다.

이런 큰 비전이 있는 우리 회사에 정부가 정책자금을 지원해준다면, 회사는 무한한 발전을 할 수 있다.

어마어마한 일자리 창출이 생기게 되는 것이다.

마지막 남은 블루오션 시장이다. 시장 점유율은 4% 미만이다. **미랜코리아는 무엇보다도 제품을 합리적인 비용으로 공급하여 창업과 일자리 창출의 기회를 제공하려고 한다.** 2차 일자리 창출로 창업자에게 경제적인 안정과 일자리 창출을 이루어내면서 사회안전망을 구축할 수 있게 할 것이다.

우리 회사는 청년 맞춤형 창업 아이템을 제공하고 중장년층, 주부, 은퇴 층을 위한 창업 모델들을 저비용으로 효과적으로 공급할 예정이다. 그리고 2020년 3월부터 흑삼EM(500억, 1,000억 마리) 출시 등을 통하여 창업자들이 성공과 안정을 이루기 원하며 사회안전망을 구축하고 일자리 창출을 위해 계속 노력할 것이다.

발효 흑삼의 가치와 비전

우리가 쉽게 섭취하고 각종 광고를 통해 접하는 정보 중 하나는 프로바이오틱스 즉 요구르트, 김치, 요거트 같은 이름으로 유통되는 유산균 제품이다. 프로바이오틱스는 우리에게 유익한 미생물의 종류와 그 수, 그리고 미생물들의 먹이가 되는 올리고당과 식이섬유를 의미한다. 근래에 프로바이오틱스와 프리바이오틱스가 융합되어서 신바이오틱스(마이크로바이옴)라는 신산업 영역이 만들어졌다. 우리 미래코리아는 이 신산업 영역의 새로운 비전인 발효흑삼을 추가하여 그 유효성분을 극대화함으로써 신바이오틱스 시장의 지배력을 키워 나가고 있다.

겨울비가 주룩주룩 내리는 어느 겨울날, 나는 지인의 아들 결혼식에 참석하기 위해 경주에 갔다. 그때 우연히 200여 년 동안 이어온 전통 한방 가문의 종손이라는 나이 지긋한 촌로를 만났다.

나는 그의 흑삼 발효에 대한 이야기와 함께 전통 한방 비법의 발효 과정을 눈으로 확인하게 되었는데 발효 흑삼에 대한 강렬한 호기심을 억누를 수가 없었다. 경주 200년 전통 한방 발효비법으로 탄생한 유산균 균주 발효 흑삼의 역사는 이렇게 시작되었다.

나는 그 분과 함께 하기로 결심하고 제품 개발을 시작하여 현재 프로바이오틱스 140억 마리, 200억 마리, 500억 마리(흑삼추가), 1000억 마리(흑삼추가)등 유산균 프로바이오틱스를 만들어 냈다. 서로 긴밀하게 소통하면서 순수 전통 발효 비법으로 흑삼을 만들어 내는 것을 보며, 또 이 흑삼을 섭취한 모든 이들의 체험을 보면서 감탄과 함께 새로운 비즈니스를 생각하지 않을 수 없었다.

특히 중요한 것은 9번 발효숙성 과정을 거치는 동안 중금속과 이 물질들(병원성균들)이 흑삼에서 검출되지 않는다는 사실과 흑삼 내 유효성분이 엄청나게 증가된다는 것을 알고 깜짝 놀라지 않을 수 없었다. 익히 알려진 사실이지만 흑삼이 지닌 효능은 감히 천종 산삼에 비견될 만하다. 특히 유산균 균주 발효방식으로 6년된 인삼을 해풍에 건조시킨 건삼을 9번 증열(숨 쉬는 옹기에서 20시간)하고 9번 말리는 숙성과정(모든 과정마다 균주가 들어감)을 거쳐 만들어지는 우리 흑삼골드는 자연의 정성이 들어가지 않으면 결코 만들어질 수 없는 것이다. 오늘날 우리 미랜코리아의 유산균 균주 발효 흑삼골드가 국내 전국민은 물론이고 중국, 인도, 미국, 프랑스, 독일, 사우디, 베트남 등 많은 국가 바이어들의 높은 관심 속에서 수출상담도 활발하게 진행하고 있다.

나는 우리 기업의 가장 강력한 노하우 중 하나가 미생물제재와 발효흑삼임을 자신 있게 말할 수 있다. 타 회사의 유산균 제품과 많은 비교우위를 가지고 있는 우리 미랜코리아만의 노하우 영역인 셈이다. 우리가 건강 식생활에서 간과하고 있는 사실 중 하나가 유산균 제품의 품질에 관한 것이다. 유산균 제품의 질은 미생물 종류와 그 수 그리고 그들의 먹이가 되는 올리고당과 식이섬유들의 다양성에 좌우된다. 9번 찌고 9번 숙성시켜서 만든, 그야말로 자연의 정성이 들어간 발효흑삼골드는 우리 미랜코리아만의 노하우이자 우리 기업의 이념과 나의 혼이 들어간 제품임을 자신 있게 말씀 드릴 수 있다.

이러한 기술적인 제조 노하우를 바탕으로 현재 유산균제재 시장의 판도를 바꾸어 나갈 것이다. 인삼을 발효시켜 만든 현재의 홍삼시장을 9번 유산균 균주로 발효시킨 흑삼으로 건강식품시장의 패러다임을 바꾸어 나갈 예정이다.

그 첫 출발이 흑삼골드 매장 1호점, 2호점을 시작

으로 전국 각 지역에 흑삼골드 전문매장을 오픈할 것이고 전 국민이 유산균 균주발효 흑삼을 누구나 쉽고 다양하게 섭취할 수 있도록 할 것이다. 그래서 완전한 블루오션시장의 선두 기업으로 독점적인 시장을 형성해 갈 것이다. 참고로 홍삼은 6년근 인삼을 1~2회 발효시킨 제품이고 흑삼은 6년근 인삼을 해풍에 건조시킨 건삼을 다시 9번의 발효과정(9증9포)을 거쳐 만든 제품이다. 이렇게 자연의 정성이 들어가야 하니 기업을 경영하는 입장에서 수익이라는 효율성을 고려했을 때 도전이 쉽지 않았음을 말씀드리고 싶다.

나는 미랜코리아를 운영해 오면서 수많은 사람을 만났다. 그들의 공통적인 관심사는 경제적인 문제 해결과 건강한 삶의 영유였다. 남녀노소를 막론하고 경제와 건강 문제는 공통적인 관심사였고 한 사람의 인생에서 행복과 불행의 기준이 되었다. 현재 우리 사회는 65세 이상 노인인구가 1년이면 60만 명씩 증가하는 시대, 즉 초고령 사회로 질주하고 있다. 나는 우리 사회의 인구변화와 발맞추어 프로바이오틱스 균주 발효 흑삼이 빠른 시간 안에 전 국민 건강지킴이 식품으로 자리 잡을 것을 확신한다. 인류 기술이 아무리 발전해도 자연의 가치를 뛰어 넘을 수는 없다.

우리의 건강 또한 의학이 아무리 발전해도 또 다른 질병이 끊임없이 생겨나고 치유 불가능한 질병이 계속 생겨날 것이다. 보험 상품 광고를 유심히 뜯어보면 보장된다는 질병의 수가 과거에는 대체로 10개 이하였지만 지금은 생소하고 알 수 없는 병명들이 수십 가지인 것을 볼 수 있다. 이때 우리 국민 건강을 유산균 균주 발효흑삼이 지켜 내리라 확신하고 이로 인해 우리 회사가 환경과 건강 그리고 미래세대를 지켜내는 진정한 친환경 건강식품 기업임을 자부할 수 있다. 수많은 사람들의 체험 사례가 이를 방증하고 있음을 밝혀 두고 싶은 방이다.

우리 미랜코리아는 가정용 소멸기를 통해서 땅의 건강을, 프로바이오틱스 발효흑삼을 통해서 인체 건강을 지키고, 음이온청정가습기화기(일명 공기청정기)를 통해서는 미세먼지의 공포로부터 건강을, 다기능 발효기를 통해서는 오염된 먹거리로부터 건강을 지켜내는, 최초의 진정한 친환경 건강식품 회사가 될 것이다.

다음은 프로바이오틱스 발효 흑삼의 인체건강회복 체험사례이다.

'나는 2012년 마포의 어느 한 식당에서 일하게 되었다. 어느 날 새끼손가락이 저려 관절에 관한 약을 7일치 먹었는데 별 차도가 없었다. 그때 식당 주인의 권유로 공덕병원에 가서 초음파를 하였는데 유방암 진단이 나왔다. 이미 갑상선 5개에 전이가 와있었다. 그 후 2013년 1월에 유방암 3기로 오른쪽 가슴 절제수술을 하였고, 항암치료 6회를 하였다. 그 후에 서초동 가정집의 가사 도우미 일을 하며 지하철로 출퇴근을 하였다. 어느 날 환승역에서 계단을 오르고 내리는데 다리 힘이 서서히 빠지며 손잡이를 잡지 않으면 걸을 수 없게 되었다.

2018년 4월에는 서울 성모병원에 가서 검사

를 받게 되었는데, 척추암으로 인해 척추10번이 새까맣게 죽어, 그것을 잘라내고 철심 8개를 박았고 20시간 동안 수술을 받게 되었다. 중환자실에서 눈을 떠 보니 산소호흡기와 관 4개가 몸에 꽂혀 있었는데, 한 관에서 지방이 새어나와 다음 날 2차 수술을 4시간 받게 되었다. 지방이 새니 주치의는 15일 동안 물 한모금도 마시지 말라고 하였다. 그러다보니 면역력이 떨어졌고 대상포진까지 오게 되었으며 방사선 치료를 10회까지 하게 되었다. 6개월 후 검사에서 폐암 진단을 받게 되었다. 이후 다시 항암치료를 받게 되었는데 항암치료를 3회 하고 나니 기력이 떨어지면서 잇몸이 들뜨고 입안이 해지고 혀가 갈라져 밥조차 먹을 수 없게 되었다. 손과 발톱에도 피가 나서 걸을 수 없게 되었고 남편의 도움 없이는 아무 것도 할 수 없게 되었다. 주치의는 내가 앞으로 6개월 밖에 살 수 없다고 하였다. 하루하루 사는 것이 너무 힘들었다. 수저를

들 힘도 없었고, 눈을 뜨는 것조차 너무 힘들었다.

그때 김동윤, 김미금 부부가 나를 찾아와서 EM을 한번 먹어보라고 권유하였으나 나는 매우 부정적이었다. 시중에서 파는 건강식품과 유산균 등 여러 가지를 먹어봤지만 소용이 없었고, 실비보험이 없다보니 경제적인 부담도 컸다. 나는 죽으면 그만이지만 남아있는 가족들을 생각해 먹지 않으려고 했다. 그러나 남편이 "어차피 죽는 것 한번 먹어보고 죽으면 원이 없다."라고 하여 그 말에 먹게 되었는데, 7일 후 기적이 일어났다. 누워있는 상태에서 혼자 돌아누울 수도 없었던 내게 힘이 생긴 것이다. 나는 아침에 혼자 일어나 화장실에 갈 수 있게 되었다. 그 후 4회의 항암치료를 혼자 받으러 다니게 되었는데 예전에는 항암치료 후 며칠간 집에 누워있어야 했다. 그런데, EM을 먹으면서 항암치료를 받으니 면역력이 좋아져서인지 10회 항암까지 힘들지 않고 하게 되었다. 또한 항암 치료 후 집에 와서 집안일을 할 수 있게 되었다. 내 진료기록부에 있듯이 서울성모병원에서 뗀 자료에 의하면 1년도 안되어 염증 수치가 맨 처음 16.20에서 13.50으로 그리고 0.85에서 0.3으로 정상 염증수치로 바뀐 것을 볼 수 있다. 지금은 아주 건강하게 활동하며, 미랜코리아에서 돈도 벌고 있다.

죽을 수밖에 없었던 내게 생명을 주시고, 나처럼 아픈 자들에게 기쁜 소식을 전하여 그들도 살리고 돈까지 벌 수 있게 해주셔서 진심으로 감사드린다. 나와 같이 미랜코리아의 프로바이오틱스 발효 흑삼이 많은 이들에게 꿈과 희망이 되기를 진정으로 바란다.

〈전금선 女 58세〉

"너의 말은 영이고 생명이다"

그들에게 이르기를 여호와의 말씀에 내 삶을 두고 맹세하노라. 너희 말이 내 귀에 들린 대로 내가 너희에게 행하리니(민 14:28)

말은 단순한 의사소통의 도구가 아니다. 하나님이 천지를 창조하실 때도 말씀으로 하셨고, 요한복음에서는 예수님이 바로 말씀이라고 했다. 이 놀라운 언어는 하나님이 주신 선물이다. 우리가 하는 말에는 신기하게도 영적 능력이 있다. 그래서 말을 할 때는 아무렇게나 마음대로 내뱉어서는 안 된다. 늘 신경 써서 조심스럽게 해야 한다. 항상 축복의 말을 하고 긍정적으로 말해야 한다. 말에는 권세가 있고 우리가 말하는 대로 이루어지기 때문이다.

"모세에게는 지팡이를 통해 권세를 주었고 너에게는 입술을 통해 권세를 주었다."

하나님께서는 나에게 자주 이런 말씀을 하시곤 한다.

2013년도 어느 날이었다. 나는 동네의 한 미용실에 머리를 깎으러 갔다. 손님이 밀려 있어 조금 기다리다가 차례가 되자, 나는 거울 앞에 있는 의자에 걸터앉았다. 미용실 원장은 머리를 자르러 내 앞으로 다가와 가운을 입히고 분무기로 머리에 물을 뿌렸다. 그러더니 다짜고짜 이렇게 말하는 것이었다.

"선생님은 앞으로 전신갑주를 입게 되실 것입니다."

나는 그 말을 듣고 어리둥절했다. 그래서 나도 모르

게 인상을 찡그리며 기분 나쁜 얼굴로 쏘아 붙였다.

"원장님, 무슨 말씀 하시는거에요?"

그분은 무안했는지 얼굴을 붉히며 말했다.

"아, 실례가 되었다면 죄송합니다. 사실은 저희 남편이 목사입니다."

"예? 그런데요, 그게 저와 무슨 상관입니까?"

"제가 미용실을 하면서 많은 사람을 만나봤지만… 이제까지 본 사람 중에 선생님 같은 분은 처음입니다."

나는 그제야 미용실 원장의 얼굴을 천천히 쳐다보았다.

"하나님께서 전신갑주를 입히시겠다는 분은 손님이 처음이에요."

'별 이상한 사람이 다 있네.'

나는 그 당시 전신갑주가 뭔지 전혀 알지 못했다. 생전 처음 보는 사람이 갑자기 하는 말이라 무슨 의도를 가지고 접근하는 것은 아닌가, 의심스러웠던 것이다. 나는 원장이 머리를 깎자마자 급하게 미용실을 나오고 말았다.

하지만 세월이 흐른 지금, 나는 그 말씀이 얼마나 귀중하고 값진 말씀이며 그 무엇과도 바꿀 수 없다는 것을 안다. 얼마 전, 회사의 행사가 있을 때 나는 그분을 초청했다. 그리고 음식물처리기 한 대를 선물로 드렸다. 기나긴 세월이 흐르고 나서야 나는 너무나 소중하고 감사하다는 것을 비로소 깨닫게 되었다.

그 후에도 기도하는 중에 하나님께서는 나에게 이런 말씀을 하셨다.

"너의 말은 영이고 생명이다. 너의 말에는 권세가 있다. 네가 말하는 대로 이루어질 것이다."

곰곰이 생각해보니 예전에 무당집에 다녔을 때도 그들은 이상하게 내가 단상에 서 있는 모습이 보인다고 말하곤 했다.

세월이 흘러 내가 교회에 다니고 보니 모든 것이 다 하나님께서 예비하신 일이었다. 하나님께서 내 혀에 권세를 주신 것이다. **정말 내가 말하는 대로 이루어지는 것을 많이 체험하고 있다. 우리 회사의 전속 합창단인 할렐루야 합창단도 마찬가지였다.**

중국 신문사 행사가 끝나고 차를 탈 때였다. 함께 기도드리는 지인이 우리회사도 합창단이 있었으면 좋겠다고 했다. 나는 한국에 돌아와 집사님과 이야기를 했다.

"집사님! 우리 회사에도 합창단이 하나 있었으면 좋겠지요?"

"네에, 대표님. 정말 좋은 생각이네요. 회사에 합창단이 있었으면 좋겠어요."

나는 내친 김에 합창단의 명칭도 잠깐 생각해보았다. 할렐루야, 문득 이 단어가 생각났다. 할렐루야는 하나님을 찬양하라는 뜻이다. 나는 집사님을 보며 말했다.

"예, 합창단이라… 할렐루야 합창단! 이게 좋겠어요."

"오, 정말 멋지네요. 할렐루야 합창단!"

그렇게 해서 박태성 지휘자를 필두로 영업사원으로 구성된 할렐루야 찬양단이 탄생되었다.

이렇듯 우리는 말로 현실을 창조한다. 말은 씨앗이기 때문에 부정적인 말 또한 주의를 해야 한다.

하나님께서는 항상 우리에게 축복의 말을 하라고 하신다. 우리에게 좋은 것을 주는 것을 기뻐하시는 하나님은 말이 창조라는 것을 누구보다 잘 아시기 때문이다. 그렇게 해서 작은 기업에 할렐루야 합창단이 활발하게 활동 중이다.

우리가 기도를 해야하는 이유는 명확하다. 나의 음성을 하나님께 드리기 위해서다. 하나님은 나의 음성을 듣고 대답을 주신다. 기도의 음성은 평소 말 습관이다. 평소 말 습관을 하나님이 좋아하는 말로 바꿔보자. 하나님을 만나고 변화된 삶을 살 것이다.

1,000만 가구가 쓰는 날까지

씽크대의 배수구 쪽에는 음식물 거름망이 있다. 이 거름망은 손으로 아무리 털어도 미세한 음식물 찌꺼기가 항상 끼어 있다. 그래서 악취가 올라오고 날파리도 생기게 된다. 더 큰 문제는 싱크대 옆에 놓아둔 음식물쓰레기통이다. 몇몇 가정에서는 음식물쓰레기통을 싱크대 근처에 두고 거기에 모아서 한꺼번에 버린다.

그런데 날씨가 더워지면 하루에 한번 음식물쓰레

기를 버려야 한다. 그렇지 않으면 금방 날파리와 악취 때문에 힘들 수밖에 없다.

이번에는 자주 버려야겠다는 생각을 하고 음식물 전용 봉투 중에 제일 작은 것으로 산다. 그런데 음식물쓰레기가 많을 경우에는 봉투 안에 넣을 때 매우 불편하다. 또 쌓여가는 봉투 속에서 고약한 냄새가 흘러나올 수밖에 없다. 특히 한여름에는 봉지가 다 채워지기 전에 날파리가 꼬이기 시작한다.

음식물쓰레기를 버리러 나갈 때도 문제다. 남편들이 출근하면서 버리기도 하지만 매번 그렇게 하기도 쉽지 않다. 아침에 양복을 깔끔하게 차려입고 바쁘게 나가는 사람을 불러 세워서 음식물쓰레기 봉투를 들고 가서 버리라고 말하기도 사실 미안한 생각이 들 때가 있다.

그래서 신혼 주부인 지인은 아이를 재워놓고 버리러 간다고 했다. 하지만 자신이 맡기도 힘든 고약한 냄새 때문에 엘리베이터를 기다리면서도 혹시 누가 안에 타고 있지는 않을까, 초조한 마음이 생긴다고 한다. 그래서 일부러 아무도 없는 한밤 음식물쓰레기를 버리러 나간다는 것이다.

또 지역마다 음식물 쓰레기를 버리는 방법이 다르다는 것도 문제다. 공동으로 쓰는 음식물쓰레기통에 마음껏 버리는 아파트가 있지만 아파트라 하더라도 전용봉투에 담아서 통에 삑, 하는 소리가 나게 찍고 버려야 하는 곳도 있기 때문이다. 그럴 때면 매번 음식물 쓰레기 봉투를 사야 하고 가득 차면 나가서 버려야 하니 여러 모로 귀찮다. 그렇다 보니 본의 아니게 봉투가 계속해서 쌓이게 되고 집안에 냄새가 진동한다. 주방이 불결해진 느낌까지 들 때가 많게 된다. 음식물쓰레기 봉투 값에 조금만 더하면 주방이 청결해지고 가족의 건강도 지키며 더 나아가서 지구도 지키는 아주 탁월한 음식물처리기가 우리 회사의 음식물처리기다.

우리 미랜코리아는 국내 1천800만 가구 중 절반가량에 달하는 1천만 가구에 '음식물 소멸기' 제품 보급을 목표로 하고 있다. 산술적으로 계산하면 이렇다. 1천만 가구가 '음식물 소멸기' 렌탈 등록비(12만

원)를 내면 1조 2천억 원에 이르는 비용으로 환산된다. 음식물 쓰레기 처리에 드는 비용을 정부의 지원으로 1천만 가구에 12만원 씩 지원하게 된다면 20조 원에 달하는 비용이 50% 삭감된 10조 원의 경제적 효과를 거둘 수 있을 것으로 추정된다.

우리 회사가 출품한 음식물처리기는 미생물 배양법 특허를 획득하였다. 그래서 안전하고 효과적인 80여 종의 친환경적인 미생물인 바이오 알파(바실러스계 호기성, 호산성, 호염성 미생물)를 사용한다. 또 24시간 내에 음식물의 90% 이상을 소멸시킨다. 침출수는 제로이다. 무엇보다 음식물 냄새와 바이러스를 99% 제거한다. 산화촉매 방식으로 수증기 악취나 미세한 냄새, 유해가스까지 완전히 없애주기 때문이다. 금속이온 산화촉매 탈취 장치는 자연 순환의 원리에 따라 반영구적으로 반복 리싸이클링 된다.

여기에 탈취정화 시스템이 내장되어 있어서 설치할 때도 배기 호스나 필터를 설치할 필요가 없다. 그래서 설치비용이 없고 낮은 전기료로 부담 없이 사용할 수 있다. 미생물은 스스로 번식하기 때문에 반영구적이며 소량의 부산물은 친환경 퇴비로 사용할 수 있다. 간편하게 사용할 수 있어 생활의 편리성을 200% 높였다. 전원만 꽂으면 미생물이 알아서 음식물을 제거해주며 발효 중에도 언제든지 수시로 추가 투입해도 된다.

이처럼 (주)미랜코리아 음식물처리기는 환경과 미래 세대를 생각하는 친환경적인 제품이다. 이에 대한민국의 1,000만 가구에 친환경 음식물 발효 소멸기를 80% 보급하는 것이 우리 회사의 목표이다. 또 향후 3년 내에 많은 일자리를 창출하는 기업이 될 것이다. 이로 인하여 음식물처리비용의 절감효과가 연간 5조에 이를 것으로 예상하고 있다. 앞으로 우리 기업을 통하여 많은 사람들이 노후 파이프라인을 준비할 수 있다.

항암 된장,
낫토 시장에도
도전

근래 발효식품에 대한 관심이 늘어나고 있다. 특히 콩의 강력한 항산화작용은 발효에 의해 크게 향상된다. 된장, 간장, 낫토 등이 콩의 발효식품이다.

몇 년 전 우리나라의 전통 장류인 된장을 먹으면 면역력이 향상된다는 사실이 과학적으로 입증됐다. CJ제일제당의 연구로 동물시험을 통해 된장의 면역력 향상 기능을 입증한 연구 논문이 수의학 및 실험동물학 분야 국제 전문학술지(Journal of

Veterinary Science)에 등재되었다. 기존 된장 연구는 주로 항염증 등 특정 효능에 국한된 것이 많았고, 원료도 된장보다 된장 내 균주나 특정 추출물을 분리해 그 성분의 효과를 분석한 경우가 대부분이었다고 한다.

그런데 CJ제일제당의 연구는 된장 제품 자체의 전반적인 면역기능 향상에 대한 효능을 입증한 것이었다. 또 해당 연구논문을 국제 저명 학술지에 등재하는 성과까지 끌어냈다. 이 연구팀은 시판 중인 자사 된장 제품을 건조분말 형태로 만들어서 실험용 쥐에 투여했다. 그 결과, 된장을 투여한 실험군이 대조군에 비해 체액 면역, 세포 면역, 병원성 바이러스에 대한 방어능력 등 면역관련 지표가 고루 증가한 것으로 나타났다고 했다.

특히 바이러스에 감염된 세포나 암세포를 공격해 없애는 면역세포인 NK세포는 더 많이 활성화한 것으로 나타났다. 그래서 된장을 먹으면 면역 기능과 관련된 증상으로 알려진 독감이나 아토피 등에 대한 저항력이 높아진다는 점을 확인했다고 한다. 이 연구를 통해 한국 전통 장류인 된장의 면역력 향상 기능이 과학적으로 증명되었으며 또한 된장이 글로벌 건강 장수식품으로 도약할 수 있는 발판이 되고 있다.

낫토는 대두를 발효한 일본의 전통음식인데 세계 5대 건강식품 중의 하나다. 콩을 하루 정도 물에 불린 후, 약한 불에 천천히 익힌다. 물기를 뺀 다음 낫토균(바실러스균)을 넣고 40도에서 24시간 발효시키면 된다. 낫토는 여러 종류가 있다. 아마낫토, 시오카라낫토, 이토비키낫토 등이 있는데 사람들이 보통 낫토라고 부르는 것은 이토비키낫토이다.

낫토의 유래에 대한 문헌 기록은 분명하지 않지만 일본 야요이 시대에 비롯된 것으로 추정되고 있다. 일본 야요이 시대의 사람들은 수혈식 주거지에 살았다. 땅을 파고 그 위에 짚으로 지붕을 얹은 것이다. 추위를 피하려고 방 안에 난로를 설치하고, 흙바닥 위에 짚을 깔아서 보온을 했다. 그런데 짚 위에 찐 대두를 쏟아놓고 그대로 놔두었는데 그때 발효된 것을 먹어보니 맛있고 영양도 높다는 것을 알게 되었다. 그후 전통 식품으로 정착된 것이다.

낫토의 재료인 대두에는 특히 단백질이 풍부하다. 그래서 면역성을 길러주고 호르몬의 균형에 도움을 주는 이소플라본, 장 기능을 바로 잡고 피로회복 살균효과를 가지고 있는 레시틴을 함유하고 있다. 또한 고혈압을 예방해주고 혈전을 녹여주는 기능까지 가지고 있는 효소는 물론 칼슘, 마그네슘, 식물섬유도 함유되어 있다.

일본에서는 낫토를 제조할 때 대두 중에서도 작은 흰콩을 사용한다. 또 바실러스균 가운데에서도 일본 정부가 허가한 '낫토균'을 다른 균이 침입하지 못하도록 밀봉한 상태에서 주입, 발효하도록 권장하고 있는 등 관리를 하고 있다. 그래서 대부분의 낫토가 비슷한 맛을 유지하고 있다. 우리나라의 청국장도 낫토와 같이 볏짚에 있는 바실러스균을 사용한다. 그런데 지역과 날씨, 가옥에 따라 여러 가지 균이 함께 발효되기 때문에 다양한 맛을 낸다. 이런 낫토는 일본에서는 대중화된 건강식품으로 유명하다.

하지만 우리나라에선 특유의 냄새와 끈적이는 촉감 때문에 마니아층만 찾는 음식이었다. 그렇지만 낫토는 이제 국내 소비자들의 관심을 끌고 있다. 국내 시장 규모는 300억 원 수준이다. 일본은 23조 엔 시장인데 이에 비하면 아직 갈 길이 멀다고 볼 수 있다. 그런데 최근 3년 새 연평균 성장률이 20%가 넘을 정도로 시장이 빠르게 확산하고 있는 중이다.

이에 우리 회사도 올해 항암 된장, 항암 메주, 항암 간장, 항암 고추장, 낫토 시장에 도전할 예정이다. 그래서 우선 다기능 발효기 삼마 K(SHAMMAH-K)를 곧 출품한다. 이 제품은 발효식품(요구르트, 청국장, 과일주, 식초 등)을 제조하거나 새싹채소를 발아시킬 수 있다.

또 쌀뜨물을 이용하여 유용미생물(EM)을 배양하며 각종 채소 및 과일을 건조시켜 보관할 수도 있다. 그리고 자외선 살균램프를 통해 아기용품이나 주방용품, 욕실용품 등을 간편하게 살균하는 것이 가능하다. 정말 혁신적인 제품이다.

앞으로 많은 사람들이 면역력이 약해져 많은 질병에 취약해질 수 있는데 발효식품은 면역력을 지키고 키우는 데 일등공신의 역할을 하게 될 것이다. 특히 EM을 통해 흑삼EM(200억, 1,000억 마리)이 추가되어 많은 사회적 이슈가 될 것으로 판단된다. 현재 흑삼청 낫또 출시도 준비 중이다.

글로벌 'K-그린' 빅픽쳐

음식물 쓰레기 문제는 전 세계적으로 골칫거리라고 할 수 있다. 유엔 식량농업기구(FAO)가 펴낸 보고서 '음식물 쓰레기의 발자국(The Food Wastage Footprint)'에 따르면, 해마다 음식물 총 소비량의 약 3분의 1이 쓰레기로 버려진다고 한다. 수확, 저장, 운송 과정에서 유실되거나 쓰레기로 버려지는 음식물의 양이 연간 약 13억t에 달한다는 것이다. 전 세계 농지의 약 30%의 땅, 또는 볼가(Volga) 강의 연간 유량에 해당하는 약 250 입방 킬로미터의 물이 여기에 사용되고 있다고 보면 된다.

가장 많은 양이 버려지고 있는 것은 과일과 채소류다. 이들 식품 생산을 위해 투여된 엄청난 양의 에너지와 물자가 낭비되고 있다. 이런 과정에서 불필요한 온실가스 배출이 이뤄지고 있는 것이다.

또한 부유한 국가의 소비자들은 섭취하는 음식의 양보다 더 많은 음식물 쓰레기를 버리고 있다. 이들이 버리는 음식물 쓰레기는 연간 약 2억2200만t이다. 아프리카 사하라 남부지역의 식량생산량인 2억3000만t과 맞먹는다.

눈여겨 볼 점은 부유한 국가들의 음식물 쓰레기는 대부분 필요한 양보다 더 많이 구매한 후 먹지 않고 버리기 때문에 발생하며 개발도상국에서 음식물 쓰레기가 발생하는 원인은 낙후된 농업기술과 저장시설의 부족 등 때문이다.

스웨덴 식량·바이오기술 연구소(Swedish Institute for Food and Biotechnology)가 발표한 보고서에 따르면 농지, 물, 생물다양성의 손실과 기후변

화에 대한 부정적인 영향 등 매년 발생하는 음식물 쓰레기 비용(어패류 제외)을 생산자 가격으로 추산했을 때 7,500억 달러(약 81조 4,000억 원)에 이른다고 밝혔다. 이는 스위스의 연간 GDP 규모와 맞먹는 규모라고 할 수 있다.

우리나라에서 발생하는 엄청난 쓰레기가 해양투기되고 있다. 우리나라의 음식물처리기는 환경부 인증과 규제가 매우 까다롭다. 음식물처리기는 환경부 고시에 따른 인증을 반드시 받아야 한다. 우리 회사는 이미 인증을 취득했다.

음식물 쓰레기를 함부로 버리거나 하수도로 보내는 것은 환경오염과 직결되기 때문에 정부가 규제를 해야 한다. 사실 많은 사람이 음식물 쓰레기를 대수롭지 않게 생각한다. 어떤 가정에서는 음식물쓰레기를 일반 쓰레기와 함께 버린다. 또 믹서로 갈아서 버리거나 변기에 버리기도 한다.

그래서 요즘 가장 화두가 되고 있는 게 환경문제이다. 환경문제가 갈수록 심각하기 때문이다. 그 주요

한 원인 가운데 하나가 음식물쓰레기다. 하루에 생기는 음식물쓰레기는 1만 6천 톤이다. 지자체에서 지출하는 비용이 1년에 약 1조 원가량이라고 한다. 얼마 전만 해도 우리나라는 환경에 대해 그다지 고민하지 않았다.

하지만 선진국들은 이미 오래 전부터 환경문제에 대해 많이 고민해왔으며 그로 인해 기술개발의 성과를 거두었다. 그동안 우리나라에서는 환경 분야가 당장 경제적인 효과를 드러내지 않는다는 이유 때문에 기술개발을 소홀히 해왔다. 그래서 관련 기업의 활약과 기술력이 매우 미비하다.

K-그린 빅픽쳐를 하나님께서 보여주셨다. 그 시작이 기도와 음식물처리기 보급이다. 세상사람들은 눈에 보여야만 심각성을 인식한다. 하나님은 나에게 눈에 보이지 않지만, 반드시 해결해야 할 것을 주셨다. 내가 할수 있는 건 기도와 열심히 발로 뛰는 것뿐이다. 많은 사업자와 파트너가 함께하길 바랄 뿐이다.

다윗처럼 순종하는 마음으로

내 아들아 나의 법을 잊어버리지 말고 네 마음으로 나의 명령을 지키라 그리하면 그것이 네가 장수하여 많은 해를 누리게 하며 평강을 더하게 하리라 인자와 진리가 네게서 떠나지 말게 하고 그것을 네 목에 매며 네 마음판에 새기라 그리하면 네가 하나님과 사람 앞에서 은총과 귀중히 여김을 받으리라 너는 마음을 다하여 여호와를 신뢰하고 네 명철을 의지하지 말라 너는 범사에 그를 인정하라 그리하면 네 길을 지도하시리라 (잠 3:1~6)

하버드 대학 정문 앞에는 '사람을 외모로 판단하지 말라'는 글귀가 붙어있다. 사연은 이렇다.

평생 동안 돈을 모은 노부부가 전 재산을 사회에 헌납할 생각으로 하버드 대학을 찾았다. 그때 총장실 앞에는 학교를 지키는 수위가 서 있었다. 그는 이 부부의 옷차림이 꽤나 허름한 것을 보고는 불친절한 목소리로 용건을 물었다. 수위는 노부부에게 직접 총장을 만나러 왔다는 말을 들었다. 하지만 그는 고개를 가로저으며 절대 총장을 만날 수는 없다고 말했다. 이에 기분이 몹시 상한 부부는 이런 대학을 설립하려면 돈이 얼마나 드느냐고 물었다. 그래도 수위는 들은 척도 하지 않고 자기 할 일만 했다.

노부부는 결국 총장을 만나지 못하고 발길을 돌리고 말았다. 나중에 그 부부는 하버드 대학에 기부할 생각을 버렸다. 그 대신 재단을 설립했고 대학을 하나 세웠다. 이 대학은 현재 미국에서 명문대로 불리는 '스탠포드 대학'이다.

나중에 이 소식을 들은 하버드 대학 측에서는 매우 아쉬워했다. 하지만 이미 때는 지나가 버렸다. 그 이후 하버드 대학의 정문에는 '사람을 외모로 판단하지 말라'는 글귀가 붙어있게 되었다.

'신언서판(身言書判)'이라는 말이 있다. 중국 당나라 때 관리를 채용하면서 인재를 선발하는 기준으로 삼았던 말이다. 조선 사대부 집안에서 사위를 고를 때에도 이 기준으로 골랐다. 신언서판의 신(身)은 얼굴과 외모와 신체의 건강함을 보는 것이다. 언(言)은 언변, 곧 말솜씨를 뜻하고, 서(書)란 글씨와 글의 내용을 의미한다. 판(判)이란 사물의 시비를 바르게 가릴 수 있는 판단력과 분별력이 있는지를 보는 것이다. 이 네 가지 중 어느 하나 중요하지 않은 것은 없다. 전자보다 후자로 갈수록 더욱 중요한 의미가 들어 있다고 볼 수 있다. 멋이 드러나는 외모보다는 말씨가 더 중요하고 언변보다는 어떤 글을 쓰느냐가 더 중요하다. 또 이보다는 사물과 사람을 보는 판단력과 지혜가 가장 중요하다. 그러나 오늘날 우리 사회는 외모가 모든 것을 결정하는 듯하다.

사업을 시작한 후에 너무나 힘들었던 나는 어느 날 무릎을 꿇고 하나님께 기도를 했다.

“하나님, 왜 하필 저입니까? 대한민국에는 목사님들도 많고 신학대학생들도 많고 그 훌륭하고 성결한 사람들도 많은데 왜 저 같이 더럽고 추악하게 살았던 자를, 왜 저 같은 자를 부르셨습니까?”

그러자 하나님께서는 이렇게 말씀하셨다.

“나 여호와는 사람의 겉모습을 보지 않고, 그 중심을 보느니라.”

다윗은 형들보다 외모가 빼어난 사람이 아니었다. 그래서 다윗의 아버지 이새도 사무엘이 모든 아들들을 부르라고 했을 때 다윗은 아예 보여주지도 않았었다. 하지만 하나님께서는 다윗을 보고 계셨다. 다윗의 중심을 보셨고 그를 사무엘 앞으로 데려오라고 하셨다. 어찌 보면 사무엘은 하나님의 마음을 읽지 못했던 것 같다. 그래서 자기가 볼 때 이새의 첫 번째 아들이 사울처럼 건장하고 잘생겼기 때문에 하나님께서 택하실 것이라고 생각했다. 하지만 하나님은 아니라고 말씀하셨다. 이렇게 인간의 생각과 하나님의 생각은 다르다.

그 후에 하나님께서는 다윗의 인생에서 늘 함께 하셨다. 사실, 다윗은 집안의 몸종과 다름없는 막내였고 하찮은 목동이었다. 가장 낮은 곳에서 누가 알아주지도 않는 힘든 일을 도맡아서 해야 했다. 하지만 다윗의 중심은 항상 하나님을 향하고 있었다. 또 이런 다윗의 중심을 하나님은 보고 계셨다. 결국 다윗은 사무엘을 통하여 왕의 기름부음을 받았다. 어느 날 갑자기 천하디 천한 목동에서 한 나라의 왕이 된 것이다. 이것은 기적이었다. 다윗은 이렇게 받은 큰 은혜를 평생 동안 감격해하며 하나님을 찬양하고 경배했다. 그리고 그날 이후 계속해서 성령의 충만함, 기름부음을 소멸하지 않았다.

나는 다윗처럼 하나님께 순종하고 믿음으로 삶을 살아갈 것이다. 내 생각을 버리고 여호와를 신뢰하며 내 명철을 의지하지 않을 것이다. 내가 범사에 하나님을 인정하면 내 길을 지도하시기 때문이다. 나는 뼛속 깊은 곳에서부터 하나님을 찬양하며 하나님의 나라와 의를 위해서 살아가고자 한다. 하나님께서는 하나님 영광을 위해서 내 꿈을 이루실 것이고 나는 다시 누군가의 꿈이 될 것이기 때문이다.

영원히
마르지 않는
샘물처럼

이삭이 거기서 옮겨 다른 우물을 팠더니 그들이 다투지 아니하였으므로 그 이름을 르호봇이라 하여 이르되 이제는 여호와께서 우리를 위하여 넓게 하셨으니 이 땅에서 우리가 번성하리로다 하였더라 (창 26:22)

이삭은 100세에 얻은 아브라함의 아들이다. 그는 야곱의 아버지요 요셉의 할아버지이다. 창세기 26장에는 이삭이 우물 파던 기록이 있다. 그는 6번이나 우물을 판다.

중동 땅은 석유는 많이 나는 곳이지만 물이 귀하다. 석유는 없어도 살지만, 물이 없으면 죽는다. 또 중동 땅에서는 우물 파기가 몹시 어렵기 때문에 보통 사람들은 평생 우물 하나 파지 못한 채로 남이 파 놓은 우물물을 마시며 살아간다.

그런데 이삭은 여섯 번이나 우물을 팠고, 파는 곳마다 물이 솟아나 많은 사람들이 마실 수 있게 했다. 하나님이 복을 주셔서 번성하게 되니 원주민들이 시기해서 그의 우물을 빼앗으려 했다.

이삭은 분쟁이 일어날 때마다 다투려 하지 않고 순순히 양보하고 우물을 물려주었다. 그리고 다른 골짜기로 옮겨가 다시 우물을 팠다. 이삭이 우물을 팔 때마다 지하수가 솟아났다. 분쟁이 일어나면 이삭은 다시 양보하고 떠났다. 그러기를 반복하니 이삭을 쫓아낸 사람들의 마음에 의문이 생겼다.

'참 이상한 일이다. 이삭을 몰아내고 우물을 빼앗은 우리는 늘 이렇게 쪼들리며 살아가는데, 우물을

빼앗기고 물러난 이삭은 왜 가는 곳마다 저렇게 번영을 이루고 사는 것인가?'

마침내 그들은 그 의문에 대한 해답을 얻었다. 이삭이 믿는 하나님이 위대하신 분이시란 점을 알게 된 것이다. 이삭이 믿는 여호와 하나님이란 분이 힘이 있으셔서, 그가 가는 곳마다 하는 일마다 축복을 하신다는 사실을 깨달았다.

아비멜렉이 … 이삭에게로 온지라 이삭이 그들에게로 이르되 너희가 나를 미워하여 나에게 너희를 떠나게 하였거늘 어찌하여 내게 왔느냐 그들이 이르되 여호와께서 너와 함께 계심을 우리가 분명히 보았으므로 우리의 사이 곧 우리와 너 사이에 맹세하여 너와 계약을 맺으리라. 너는 우리를 해하지 말라… 이제 너는 여호와께 복을 받은 자니라 (창 26: 26~29)

이삭은 화해 요청을 받아들여 잔치를 베풀었고 그 땅에 평화가 찾아왔다. 이삭은 하나님께서 복을 주셔서 거부가 된 사람이다. 농사를 지었는데 100배의 수확을 얻었을 뿐만 아니라, 양 떼와 소 떼, 종들을 헤아릴 수 없이 많이 거느렸다. 그는 누구보다도 넉넉하고 관대한 마음을 가졌던 사람이었다. 그가 판 우물에서 난 물은 많은 사람의 생명을 살렸다.

우리 미랜코리아는 앞으로 고객들에게 '영원히 마르지 않는 샘물'이 될 것이다. 우리 회사의 나눔 보너스는 영원히 마르지 않는 샘물이다.

처음 오신 8,000여 명 정도가 혜택자다. 제품 렌탈 시 수익률 일부를 고객에게 돌려주는 방식이다. 사람들은 어떻게 저런 시스템(나눔보너스)을 끝까지 이어갈 수 있겠느냐는 부정적인 말을 하기도 한다. 하지만 이것은 하나님께서 하시는 일이다. 이 영원히 마르지 않는 샘물은 우리가 만든 것도 아니다. 하나님께서 주신 것이다. 하나님께서는 40만 원을 영원히 나눔보너스로 주라고 하신다. 그 돈은 누군가를 살리고, 누군가에게 희망이 될수 있다.

우리가 30년 동안 공직에서 근무하면 연금이 3~400만 원가량 나온다. 얼마 전에 보험회사 직원이 우리 사무실에 찾아왔다. 나는 그에게 물었다.

"혹시 11만 5,000원씩 3년간 보험금을 부으면 평생 200만 원이 나오는 보험이 있습니까?"

그는 나를 멀거니 쳐다보았다.

"없습니다."

나는 확신에 찬 음성으로 그를 바라보며 말했다.

"그렇습니까? 하지만 있습니다. 우리 회사에서는 능력이 있는 자나 능력이 없는 자나 상관없이 렌탈을 가입한 순서대로 회사 수익을 공평하게 나누어주는 평생 연금이 나옵니다."

그는 놀란 얼굴로 나를 바라보았다.

하나님의 은혜

처음 회사를 시작할 때 전현희, 임영숙, 전희자 이 세 분과 함께 했다. 현재 전현희 님은 사업자 대표로, 임영숙 님은 미랜코리아 기도원 원장으로, 전희자 님은 교육 부장으로서 일하고 있다. 그 이후에 들어온 김남용 영업사원은 2019년 12월 4일에 영업이사로서 미랜코리아 임원이 되었다. 그리고 해남에서 회사 인테리어 작업을 하려고 왔던 전태선 님은 온 가족이 회사와 가까운 곳으로 이사를 왔는데 부인은 미랜코리아 행정실 직원으로, 본인은 삼마테크 공장장으로 근무하고 있다. 회사 설립 당시 첫 행정실 직원으로 채용되었던 홍승범 님은 당시 회사 상황을 보고는 3개월만 근무하고 가겠다고 했었는데 현재 미랜코리아 관리이사로 승진하여 일하고 있다.

처음에 70평으로 시작한 회사가 지금은 본사 100평, 교육장 100평, 구내식당 40평으로 성장하였다. 또한 흑삼골드 직영매장이 오픈되었으며, 김포에 제조공장 600평이 설립 예정이다. 더불어 '희망의 나라'라는 제목으로 책이 출간되었으며, 앞으로 두어권의 책이 더 출간될 예정이다. 하나님을 만남으로 이 모든 역사를 이루게하시고, 나누게하시며 그동안 즐겼던 술도 30년만에 기쁨으로 끊게 하신 하나님께 다시 한 번 감사드린다. 또한 이 책을 읽어주신 독자 여러분들께도 감사드리며, 추후 희망의 나라 후속작을 통해서 다시한번 여러분들을 찾아뵐 예정이다.

에필로그

전국 렌탈 접수처 5,000개, 복음 전파

오직 성령이 너희에게 임하시면 너희가 권능을 받고 예루살렘과 온 유대와 사마리아와 땅 끝까지 이르러 내 증인이 되리라 하시니라 (행 1:8)

나는 사업 초창기에 무척 힘들었다. 그래서 하나님께 나를 택하신 이유가 뭐냐고 가끔 투정 아닌 투정을 하며 묻곤 했다. 하지만 이제 더 이상 하나님께 질문하지 않는다. 하나님은 유일하시고 전지전능하신 분이신데 한낱 먼지 같은 우리가 어떻게 하나님의 생각과 마음을 헤아릴 수 있겠는가. 나는 단지 순종할 뿐이다. 하나님은 사랑의 하나님이시기도 하지만 공의의 하나님이시기 때문이다.

그런 하나님도 육체를 입고 우리에게 오셨지만 인간은 종교가 다르다고, 죄인이라고 정죄하지 않으셨다. 단지 회개하라고 하셨다. 또 구원은 주 예수 외에 다른 길이 없다고 하셨다. 예수님께서 어떤 사람도 정죄하지 않으신 것처럼 나는 어떤 사람도 정죄하지 않는다.

얼마 전에 어떤 분이 김해에서 우리 회사를 찾아왔다. 그분은 나를 바라보더니 걱정스러운 얼굴로 말을 꺼냈다.

"대표님! 저는 사실 걱정되는 게 하나 있습니다."

"예? 걱정이요, 무슨 일이십니까?"

나는 궁금한 얼굴로 그분을 바라보았다.

"예, 실은 제가 불교신자입니다. 그래서 미랜코리아 지사를 열고 싶은데 걱정이 됩니다."

"아, 예. 그런데요. 뭐가 그리 걱정되십니까?"

"제가 불교신자라서 지사를 못 낼까봐서요."

"허허허… 그게 염려가 되셨나 보군요. 전혀 고민하실 것 없습니다. 얼마든지 지사를 내셔도 됩니다."

나와 이런 저런 얘기를 한 후에 그분은 5천만 원의 금액을 총판하고 가셨다. 앞으로 수많은 사람들이 우리 회사 사업에 참여하고 싶어 열광하게 될 것이다.

바로 나눔 보너스 때문이다. 우리 회사가 렌탈시장의 롤 모델을 만들어갈 것이다. 우리 미랜코리아 때문에 대한민국의 정책 판도가 확 뒤집어질 것이다. 많은 사람들과 기독교인들이 나와 우리 회사를 보면서 이렇게 외치게 될 것이다.

"아! 하나님이 진짜 살아계시는구나."

우리 미랜코리아는 렌탈 접수처와 흑삼골드 전문매장 확산을 위해 전국적으로 5천 개 설립을 계획하고 있다. 무엇보다 우리 회사는 나눔 보너스 때문에 사람들이 사방에서 구름처럼 몰려올 것이다.

하나님께서는 무엇보다 나눔을 통해 우리 회사가

복음을 전파하길 원하신다. 기업의 이익만이 우리의 목표가 아니다. 우리 목표는 땅 끝까지 이르러 그리스도의 증인이 되는 것이다. 그러려면 우리 얼굴은 천사의 얼굴이 되어야 한다. 우리 회사에 예수의 향기와 예수의 문화가 흘러넘치게 해야 한다. 그렇게 되면 복음이 전파되고 회사에 저절로 사람들이 몰려들게 될 것이다.

우리 기업을 통해서 열방에 복음을 전달하는 것이 하나님을 기쁘시게 하는 것이다. 우리 회사는 사업자와 소비자가 주인공이다.

그래서 우리는 항상 사업자와 소비자를 접대하고 천국 잔치를 베풀려고 한다. 또 모든 이에게 주께 하듯이 하려고 한다. 그러면 모든 일이 형통하게 될 것이다.

우리 각자는 이 세상에 하나밖에 없는 존재이다. 사람 위에서 군림하는 것이 아니라 사람을 섬기는 것이 우리의 일이다. 최종 목표는 십자가 사랑, 예수 사랑인 것이다.

우리 회사는 기업의 이익만이 아니라 생명을 살리기 위해 제품을 보급한다. 한 영혼, 한 영혼을 살리기 위해서는 내 개인적인 욕심이나 교만은 바닥에 내려놓아야 한다. 하나님께서는 교만은 패망의 선봉이라고 말씀하셨다. 하나님이 가장 싫어하시는 것이 교만이다. 겸손해지려면 서로 존중하는 마음을 가지고 섬겨야 한다. 서로를 섬기는 마음이 있어야 겸손하게 된다. 겸손하려면 마음을 비우는 것이 필요하다.

그런데 이 모든 것을 내 힘으로 내가 하려고 하면 안 된다. 사도 바울은 "나는 아무 것도 할 수 없지만 내게 능력주시는 자 안에서 내가 모든 것을 할 수 있다."고 하였다.

사도바울은 성령 충만한 삶을 살았다. 평생 동안 하나님을 위해 헌신했다. 그것은 그의 힘으로 한 것이 아니다. 바로 성령의 충만함으로 가능한 것이었다. 그래서 우리 직원들은 날마다 하나님을 의지하고 성령 충만하기 위해 아침 저녁으로 예배를 드린다. 우리는 단지 기도하고 순종할 뿐이다.

희망의 나라

환경,

건강,

미래 세대를

생각하는 기업

미랜코리아